河南省中等职业教育规划教材
河南省中等职业教育校企合作精品教材

化妆与盘发

河南省职业技术教育教学研究室　编

电子工业出版社.

Publishing House of Electronics Industry

北京·BEIJING

内 容 简 介

　　本书为中等职业学校美容美发与形象设计专业教材，贯彻"以就业为导向，以能力为本位"的职业教育的指导思想，并参照有关行业的职业技能鉴定规范修订而成。

　　本书共 8 个项目，内容包括化妆基础技能、盘发基础技能、生活妆造型设计、职业妆造型设计、晚宴妆造型设计、新娘妆造型设计、影楼化妆造型设计、艺术化妆与造型设计。本书力求教学目标明确、知识点突出、文字叙述简要易懂，并有效地运用了资料图片，做到了图文并茂，系统而又全面地概述了有关化妆设计的原理及方法步骤。

　　本书可供中等职业学校美容美发专业学生使用，也可作为成人教育培训班的培训教材，还可作为广大美容化妆爱好者的自学教材。

图书在版编目（CIP）数据

化妆与盘发 / 河南省职业技术教育教学研究室编 . — 北京：电子工业出版社，2016.1

ISBN 978-7-121-27757-3

Ⅰ . ①化… Ⅱ . ①河… Ⅲ . ①化妆－中等专业学校－教材 ②理发－造型设计－中等专业学校－教材

Ⅳ . ① TS974.1 ② TS974.21

中国版本图书馆 CIP 数据核字（2015）第 294832 号

策划编辑：徐　玲
责任编辑：王凌燕
印　　刷：北京虎彩文化传播有限公司
装　　订：北京虎彩文化传播有限公司
出版发行：电子工业出版社
　　　　　北京市海淀区万寿路 173 信箱　邮编 100036
开　　本：787×1 092　1/16　印张：11　字数：281.6 千字
版　　次：2016 年 1 月第 1 版
印　　次：2024 年 10 月第 20 次印刷
定　　价：45.00 元

凡所购买电子工业出版社图书有缺损问题，请向购买书店调换。若书店售缺，请与本社发行部联系，联系及邮购电话：（010）88254888，88258888。

质量投诉请发邮件至 zlts@phei.com.cn，盗版侵权举报请发邮件至 dbqq@phei.com.cn。

本书咨询联系方式：xuling@phei.com.cn。

河南省中等职业教育校企合作精品教材

出 版 说 明

为深入贯彻落实《河南省职业教育校企合作促进办法（试行）》（豫政[2012]48号）精神，切实推进职教攻坚二期工程，我们在深入行业、企业、职业院校调研的基础上，经过充分论证，按照校企"1+1"双主编与校企编者"1：1"的原则要求，组织有关职业院校一线骨干教师和行业、企业专家，编写了河南省中等职业学校美容美发专业的校企合作精品教材。

这套校企合作精品教材的特点主要体现在：一是注重与行业联系，实现专业课程内容与职业标准对接，学历证书与职业资格证书对接；二是注重与企业的联系，将"新技术、新知识、新工艺、新方法"及时编入教材，使教材内容更具有前瞻性、针对性和实用性；三是反映技术技能型人才培养规律，把职业岗位需要的技能、知识、素质有机地整合到一起，真正实现教材由以知识体系为主向以技能体系为主的跨越；四是教学过程对接生产过程，充分体现"做中学，做中教"、"做、学、教"一体化的职业教育教学特色。我们力争通过本套教材的出版和使用，为全面推行"校企合作、工学结合、顶岗实习"人才培养模式的实施提供教材保障，为深入推进职业教育校企合作做出贡献。

在这套校企合作精品教材编写过程中，校企双方编写人员力求体现校企合作精神，努力将教材高质量地呈现给广大师生，但由于本次教材编写是一次创新性的工作，书中难免存在不足之处，敬请读者提出宝贵意见和建议。

河南省职业技术教育教学研究室

2015 年 5 月

河南省中等职业教育校企合作精品教材

编写委员会名单

主　　编：尹洪斌

副 主 编：董学胜　黄才华　郭国侠

成　　员：史文生　宋安国　康　坤　高　强

　　　　　冯俊芹　田太和　吴　涛　张　立

　　　　　赵丽英　胡胜巍　曹明元

本套"形象设计"系列教材一共有三本：《美发与造型设计》、《化妆与盘发》、《美容美甲》，是根据《河南省人民政府关于加快推进职业教育攻坚工作的若干意见》（豫政 [2010]1 号）、教育部《中等职业教育改革创新行动计划 (2010—2012)》等文件精神编写的，主要作为中等职业学校美发与形象设计专业学生使用的精品教材。本书在编写过程中体现出以下特色：

一是教材编写体现时代性。教材编写体现最新职业教育教学改革精神，突出"专业与产业、职业岗位对接，专业课程内容与职业标准对接，教学过程与生产过程对接，学历证书与职业资格证书对接"4 个对接，具有时代特征和职业教育特色。从教育特点来看，本书在编写上体现出我校以就业为导向，强调校企合作，理实一体的教学理念。

二是教材知识体现融合性。本教材以基础知识"必需"、基本理论"够用"、基本技术"会用"为原则，打破知识与技能分开编写，实现"理实一体、教学做一体"，使教材知识体现简练、实用，适应现代中等职业教育教学需要。

三是教材内容体现新颖性，集实用性、观赏性、时尚性为一体。文字叙述简要易懂，有效运用资料图片，做到了图文并茂；添加近年来全国中职形象设计大赛的要求及技术要点，并展示了相关资料图片。

四是教材体例体现创新性。本书以"项目–任务"为体例，每项任务内容都是由"项目引领"、"任务情景"、"任务要求"、"知识准备"、"牛刀小试"等栏目组成。全书以基本知识、基本技能、企业实训、技能大赛为纲编写，由易到难，由简入繁。

五是教材形式体现岗位性。本书在强调基础知识、基本理论的基础上，突出职业岗位技能环节，较其他同类教材重视岗位知识的实践应用技能，每一任务的任务实施按照工作任务的环节或流程以表格任务单形式进行编写和训练，突出操作环节和质量要求，体现教学与职业岗位的"零距离对接"。

本课程总学时为 231 学时，各项目课时分配见下表（仅供参考）。

项　　目	任　　务	建议学时数
项目一　化妆基础技能	任务一　化妆简介	理论：2
	任务二　化妆品的认识和选择	理论：2
	任务三　常用化妆工具的使用与保养	理论：2
	任务四　化妆的基本专业知识	理论：2
	任务五　化妆的基础技法	理论：2；实操：6
	任务六　局部的矫正与修饰	理论：8；实操：20
项目二　盘发基础技能	任务一　头发分区的认识和确定	理论：1；实操：2
	任务二　盘发的常用工具及发饰	理论：1；实操：3
	任务三　盘发的基础造型手法	理论：2；实操：8

项 目	任 务	建议学时数
项目三 生活妆造型设计	任务一 生活妆技能要点	理论：2
	任务二 生活妆整体造型	理论：2；实操：8
项目四 职业妆造型设计	任务一 职业妆技能要点	理论：2
	任务二 职业妆整体造型	理论：2；实操：8
项目五 晚宴妆造型设计	任务一 晚宴妆技能要点	理论：2
	任务二 晚宴妆整体造型	理论：2；实操：8
项目六 新娘妆造型设计	任务一 韩式新娘妆造型设计	理论：2；实操：8
	任务二 日式新娘妆造型设计	理论：2；实操：8
	任务三 中式新娘妆造型设计	理论：2；实操：8
项目七 影楼化妆造型设计	任务一 高贵典雅艺术写真造型设计	理论：2；实操：8
	任务二 甜美可爱艺术写真造型设计	理论：2；实操：8
	任务三 文艺清纯艺术写真造型设计	理论：2；实操：8
	任务四 唐朝服装化妆与造型设计	理论：2；实操：9
	任务五 清朝服装化妆与造型设计	理论：2；实操：9
	任务六 儿童写真化妆造型设计	理论：2；实操：6
项目八 艺术化妆与造型设计	任务一 创意妆与造型设计	理论：3；实操：9
	任务二 梦幻妆与造型设计	理论：3；实操：9
	任务三 彩绘妆与造型设计	理论：3；实操：9
	任务四 全国大赛妆面及发型	理论：2；实操：6
总学时		231

　　本书由河南辅读中等职业学校（国家级重点学校、河南省特色学校）编写，由高强校长任项目负责人，孟衬英担任主编，董书妍、孙彦丽担任副主编，参加编写的人员还有：陶欣、李磊。全书图片由河南辅读中等职业学校摄影协会拍摄。

　　这次编写的美容美发与形象设计专业教材，较好地体现了河南省中职教育精品教材的基本思路和要求，对该专业教学有促进作用，相信会受到美容美发专业广大师生的欢迎。

　　希望各地、各中等职业学校积极推广和采用本书，并能在使用的过程中给予点评，提出宝贵意见，帮助我们不断完善和提高，在此表示感谢。

编 者

2015 年 6 月

目　录

项目二　盘发基础技能

项目三　生活妆造型设计

项目一　化妆基础技能

项目引领

如图 1-1 所示，该项目主要通过对化妆基础知识的学习，使学生对化妆造型艺术有初步的认识，了解化妆的概念和化妆工具的使用，熟悉并正确运用面部矫正化妆的操作技巧。

图 1-1　化妆效果图

项目目标

知识目标：

　　1. 了解化妆造型的定义、发展进程及分类等基础知识。

　　2. 掌握化妆色彩的相关知识。

技能目标：

　　1. 掌握各种化妆品的功能及使用方法。

　　2. 掌握五官局部矫正修饰的技巧。

任务一　化妆简介

任务情景

李露去影楼面试化妆师这一职位，面试官问了她两个问题：

1. 化妆的目的是什么？
2. 化妆分为哪些类别？

任务要求

请以李露的身份，回答面试官的问题。

知识准备

一、了解化妆的定义及发展进程

（一）化妆的定义

化妆艺术是社会发展进步的体现。随着人类物质生活和精神文明生活的提高，人们的审美与品位也在不断提升，越来越多的人开始重视化妆造型。如图 1-2 所示，化妆不仅可以美化容颜，增添魅力，体现个性气质特点，还可增强自信心，使人精神焕发。同时化妆也是社交礼仪中对他人尊重与礼貌的表现。随着社会的进步，生活与艺术相融合，人们对美的追求及审美观念的不断更新，化妆艺术也不断推陈出新，使化妆的风格与样式呈现出越来越多的变化。

图 1-2　化妆效果图

化妆一词也有"化装"的意思。狭义的化妆仅仅指面部的修饰，广义的化妆是利用化妆材料与化妆技法来装扮整个人体，以适应不同的场景需求。化妆分为生活美容化妆和舞台影视化妆两大类。生活美容化妆是化妆师运用化妆品等工具采取合理的方法和步骤，在模特自身的条件下对其面部五官以及其他部位进行打扮修饰，扬长避短和弥补缺陷，从而达到美颜的目的。舞台影视化妆是根据角色的身份、年龄、性格、民族和职业特点等，根据演出需要利用化妆材料比如油彩、肤蜡、塑形、毛发制品等将演员容貌进行修饰装扮成特定的角色。

化妆涉及的方面有发型、服饰等，化妆造型

不仅运用在影视、商业、摄影、表演、广告等领域，在日常生活中也起着不可或缺的作用。

（二）化妆的历史

化妆起源于原始时期，人们为遮寒避羞将树枝、动物羽毛、动物骨头等戴在头上，在面部身上涂上有色彩的植物色素颜料装点皮肤，以此表示神的化身，驱病免灾，祈祷平安，在某种环境中保护自身，伪装或隐蔽身体，并显示自己的地位，最后这种保护装扮发展成为美化手段。这成为了最早的化妆造型，同时也成了社会发展的动力。

1. 中国化妆史

（1）萌芽期：商周时期

我国是文明古国，有着悠久的历史与灿烂的文化渊源，化妆早在夏、商、周时期就已经兴起，而商周时期仅限于宫廷，宫廷妇女为了吸引君主的注意而进行装扮；春秋战国时期，化妆才在平民妇女中流行。春秋时，女人用白粉敷面，到战国时期人们开始使用"燕支"（胭脂）。

（2）成长期：秦汉魏晋南北朝

随着社会生活的发展和审美意识的提高，平民阶层的妇女都开始注重自身的容颜装饰，所以秦汉时期，化妆习俗得到新的发展。那时的面部修饰十分讲究，妆容和发型出现了不同的样式。魏晋南北朝时，北方少数民族文化与中原文化相融合，使我国妇女的化妆技术逐步成熟，妇女面部装扮的形态变化也很大，脂粉之类化妆品的制作技艺到魏晋时期已经成熟，如图 1-3 所示。

图 1-3　中国古装女子

（3）成熟期：隋唐五代

隋唐是中国化妆历史上的一个繁荣时期，而唐朝更是中国化妆史上最辉煌的一个时代，唐朝国力强盛，经济繁荣，社会风气开放，促使这一时期女子化妆内容更加丰富细腻，生活服饰装扮呈现多姿多彩的艳丽景象。

（4）传承期：宋元明清

宋朝的妇女装扮注重清新、雅致、自然，不过皮肤白皙、面色红润还是脸部装扮的理想追求。明朝时对女性的礼教约束很严，开始崇尚以妇女小脚为美。明清时期妇女一般崇尚秀美清丽的形象，以面庞秀美，弯曲细眉，细眼，薄小嘴唇为美。

（5）创新期：19 世纪—20 世纪初

各种各样的化妆品问世，现代女性由于教育水平的提高，价值意识的变化，对美的追求也明显呈现出多元化的趋向，受"韩流"影响，妆容强调时尚感，由人为的美到自然美，妆容以明晰清爽的透明质感为主。

2. 国际化妆史

如图 1-4 所示，古埃及人偏爱化妆，最早使用化妆品，其初衷是为了保护眼睛，用孔雀石制作的青绿色粉末涂在眼圈上，防沙眼和蚊虫侵入，并发展成为现今的眼影。因为古埃及气候炎热干燥，日常生活中用动物油脂涂抹皮肤可以防晒和防干燥，防止水分的过快流失。所以世人认为化妆术最早是在古埃及盛行起来的。

公元4世纪，希腊征服埃及后，将埃及的先进文明（化妆品及美容方法）传入希腊，并发明了铅粉及腮红、口红、面膜。古希腊有许多著名的艺术家和哲学家，研究理想美的人体美学。在古希腊，半身像、人体雕塑遵循美学原则，直到今天这些原则仍然沿用。古希腊女子无论老少都喜欢化妆，并大量使用香水和化妆品，还发明了保养指甲的方法。

古罗马时期，仍然沿袭埃及和希腊的美容化妆传统。公元前150年，罗马女性就已拥有铅粉、胭脂、面膜、染发剂、香料等化妆品。罗马人开发了化妆产品，还用蜡和石膏脱毛。古罗马时期就已经出现了理发店，假发烫发盛行，发式多种多样。

古印度的养生术是世界上最古老、最完整的自然疗法，公元前2500年就已出现并逐步发展完善，强调从人的身心、思想、精神等方面调理和治疗身体。瑜伽、冥想等缓解压力、放松身体的养生疗法，广泛用于今天的SPA和养生会馆及健身馆，如图1-5所示为古印度女子妆容。

古非洲人从天然环境中发现了许多药物和美容原料，如图1-6所示为古非洲人使用天然染料化妆。

图1-4　古埃及女子妆容

图1-5　古印度女子妆容

图1-6　古非洲人妆容

中世纪（5—10世纪）文化黑暗期，受宗教影响，化妆被认为是"娼妇"行为，遭到严厉禁止，欧洲的女性过着修女般的生活。化妆术处于停滞期，如图1-7所示。

意大利的文艺复兴时期，是欧洲文明的起始阶段，人们追求自由和个性解放，化妆术再次流行。妆容流行细眉毛和宽额，强调皮肤的白嫩与光洁。使用含有汞、银、锡粉的护肤品，如图1-8所示。

图1-7　中世纪欧洲女性妆容

图1-8　文艺复兴时期欧洲女性妆容

公元 17—18 世纪巴洛克时期，美容化妆风潮移至西欧的英、法两国。经济的高速增长，带来了美容方式的变化。这个时期充满了脂粉气息，女性用草莓和牛奶沐浴，重视家居皮肤保养，使用面膜和能使皮肤变白的化妆水。

维多利亚时代，提倡健康保养，用天然原料来敷面，如蜂蜜、鸡蛋、牛奶、麦片、水果和蔬菜，这些原料沿用至今。服饰风格以复古和典雅的蕾丝、细纱、荷叶边、缎带、蝴蝶结等为主，如图 1-9 所示。

公元 601 年，高丽僧人将口红传到日本，幕府时期的歌舞伎妆容非常流行。

19 世纪欧洲人风行日光浴。

19 世纪中、晚期，英国和美国的香水工业及医疗机构发展迅速，护肤品的制作也有了新的发展，汞和铅粉被无毒的亚铅粉取代。

19 世纪 50—60 年代，美容院和按摩院开始在各地设立。化妆品在大多数家庭广泛使用。

20 世纪初，集护肤美容于一体的粉饼在美国制成。接着乳液类、面膜类的护肤品层出不穷。面膜由石蜡、黏土、高岭土等成分构成。

20 世纪中期，芳香疗法开始被人们认识和掌握。

许多古老的治疗模式又重新被运用于现代美容护理中，如在 SPA 中将药物和精油结合使用，以及传统药物和传统疗法的运用等。

图 1-9 维多利亚时代女性装扮

二、了解化妆的分类

化妆大体上可以分为两类，即生活美容化妆和舞台演艺化妆。

根据我们基础学习的整体需要，本书里只具体讲生活美容化妆。所谓生活美容化妆是人们在日常生活中用化妆品和化妆技术对外在容貌进行打扮和装饰，主要是为了自身的美化，改善自身形象，弥补不足之处，同时也是对他人的尊重和礼貌。在日常生活和工作中分别要用到生活妆和职业妆。平日人与人需要近距离的交流，因此生活妆不宜有过于浓重的化妆痕迹，应将自然美与妆容相结合，使其更符合生活审美的需求，具备时代的美感。职业妆根据化妆对象的职业、年龄、性格以及不同的场合来化妆，妆面追求一种自然美，用色明亮清淡，妆面透彻，与发型服饰以及人的气质要达到和谐统一。特定环境的化妆有婚礼妆、晚宴妆、影楼妆、庆典妆等。在特定的环境下就需要根据特定的场景来进行化妆，因此，化妆有时要突破生活的常规，运用特殊材料和化妆技艺来塑造自己新的形象，在某些狂欢活动中，甚至要运用夸张的舞台化妆。但是，在生活化妆范畴内的这些特殊造型中，大多数情况下，化妆者还是希望保留自己的本色。

舞台演艺化妆是根据剧情及角色需要，以塑造特定人物形象为目的，通过化妆弥补或改变演员的气质和容貌特征，或使用比较夸张的化妆技法，改变演员的外貌形态，使演员更符合角色需要。舞台演艺妆要符合表演艺术的审美需求。舞台演艺化妆造型样式有影视化妆、戏剧化妆、戏曲化妆、T 台化妆、展示化妆等，如图 1-10 和图 1-11 所示为舞台演艺化妆的代表。

图 1-10 舞台演艺装示例一

图 1-11 舞台演艺装示例二

课外延伸：

　　课下收集中国古代的化妆与发型图。

任务二　化妆品的认识和选择

任务情景

化妆品和工具是化妆的两项重要物质条件，所以我们首先要对化妆产品有所了解，具备鉴别、选择和使用化妆品的能力。如今化妆品品种多样，该怎么去选择呢？通过这堂课我们一起去认识它们吧。

任务要求

熟悉各种修饰类化妆品，并懂得如何选择和应用。

知识准备

一、美容化妆品的分类

部分化妆品如图 1-12 所示。

图 1-12　部分化妆品

（1）按照外部形态，可分为膏霜类、蜜类、粉类、液体类。

（2）按照使用目的，可分为清洁类、护肤类、粉饰类、治疗类、护发类、固发类、美发类、美甲类等。

（3）按照使用对象的年龄和性别，可分为儿童用美容化妆品、老年用美容化妆品、女性用美容化妆品、男性用美容化妆品。

（4）按照美容化妆的专业需要，可分为清洁类、护肤类、治疗类和粉饰类四大类。

二、美容化妆品的特点和作用

（一）清洁类

特点：具有溶解污垢的作用，清洁皮肤能力强，用后必须立即从皮肤上清除干净。例如，香皂、清洁霜、洗面奶、卸妆液、卸妆油、磨砂膏、去死皮膏等。

作用：深入清洁皮肤污垢、油脂。

1. 香皂

强碱，用后皮肤干燥、紧绷，如图 1-13 所示。

2. 清洁霜

如图 1-14 所示，其内含有油分和表面活性成分，去污力很强。常用于化妆后的皮肤和油脂较多皮肤的清洁。是清除粉饰类化妆品的最佳用品。使用方法：将清洁霜均匀地涂在皮肤上，稍稍加力按摩，待其与皮肤上的化妆品及污垢充分接触溶解后，用纸巾轻轻擦拭干净，然后用温水冲洗。

图 1-13 香皂

图 1-14 清洁霜

3. 洗面奶

性质温和的液体软皂，用表面活性剂清洁皮肤，对皮肤无刺激，适用于卸妆后或没有化妆的皮肤使用。油性皮肤应选择有抑制油脂分泌作用的洗面奶；干性皮肤应选择滋润营养型的洗面奶；暗疮或有斑皮肤应选择有治疗作用的洗面奶，如图 1-15 所示。

4. 卸妆液

如图 1-16 所示，其性质温和，适合眼部和唇部。

5. 卸妆油

其适合大面积卸妆和卸浓妆，如图 1-17 所示。

图 1-15　洗面奶

图 1-16　卸妆液

图 1-17　卸妆油

（二）护肤类

特点：滋润皮肤，补充水分，收缩毛孔，平衡皮肤 PH 值，起到保护皮肤的作用，使皮肤免受或减少自然界的刺激，防止化学物质、金属离子对皮肤的侵蚀，防止皮肤水分过多缺失，促进血液循环，增强新陈代谢。例如，按摩膏、按摩乳、润肤霜、平衡露、化妆水、柔肤水、隔离霜、防晒霜、乳液等。

作用：滋润皮肤、补充水分、收缩毛孔；形成保护膜，起到隔离保护皮肤的作用。

1. 化妆水

化妆水用于补充皮肤水分和营养，使皮肤滋润舒展，平衡皮肤酸碱度，同时还具有收缩毛孔、防止脱妆的作用。化妆水的种类很多，要根据化妆需要和皮肤的性质进行选择。滋润型化妆水有保湿效果，适合干性和中性皮肤；收敛型化妆水具有收缩毛孔的作用，适合油性、混合性皮肤；营养型化妆水可补充皮肤的水分和营养，使皮肤滋润有光泽，适合干性或衰老皮肤者使用，如图 1-18 所示。

2. 润肤霜

润肤霜可保持皮肤的水油平衡，提供皮肤所需营养，并会在皮肤表面形成一层保护层，如图 1-19 所示。

图 1-18　化妆水　　　　图 1-19　润肤霜

（三）粉饰类

特点：具有较强的修饰性，可调整肤质肤色，遮盖瑕疵，弥补和美化面部皮肤。例如：粉底、粉蜜、胭脂、眼影粉、眼线液、睫毛膏、唇膏、唇线笔、眉笔等。

1. 粉底类

粉底可调整肤质肤色，遮盖瑕疵，弥补和美化面部皮肤，是改善肌肤状态的法宝。

彩色类：浅紫、浅绿、浅黄、浅橙、粉红、浅蓝，用于平衡和改善皮肤底色。

肤色类：肤黄色、表肤色、嫩肤色、象牙白、粉嫩白、瓷白等，用于统一皮肤的肤色、肤质。

根据质和量的不同可以分为：

（1）膏状粉底：遮盖力强，透气性弱，适用于浓妆，如图 1-20 所示。

（2）粉底液：遮盖力差，透气性强，便于涂抹，效果真实自然，适合各种肤质的淡妆使用，如图 1-21 所示。

（3）粉底乳：遮盖效果一般，质地较稠，不易脱妆，如图 1-22 所示。

（4）水质粉底：多用于身体大面积晕染，如图 1-23 所示。

（5）粉条：易弄脏妆面，如图 1-24 所示。

（6）定妆粉：又名粉蜜、散粉、干粉，有透明、哑光和珠光三种。定妆粉是粉末物质，粉质细，易上妆，薄透、自然、遮盖力弱，在涂抹粉底后使用，吸收皮肤表面的油脂和汗，减少面部油光感，防止彩妆脱落，起到定妆作用。色彩选择要与肤色接近，不可过白，如图 1-25 所示。

（7）粉饼：遮盖力一般，粉质细，易上妆，如图 1-26 所示。

（8）遮瑕膏：遮盖力强，用来修饰遮盖黑眼圈、色斑及色素沉淀等，应注意与粉底颜色的衔接，如图 1-27 所示。

图 1-20　膏状粉底

图 1-21　粉底液

图 1-22　粉底乳

图 1-23　水质粉底

图 1-24　粉条

图 1-25　定妆粉

图 1-26　粉饼

图 1-27　遮瑕膏

2. 其他常用的化妆品种类

（1）眼影类：主要有粉状眼影、膏状眼影和眼影笔，用于美化眼睛，增加面部色彩，增强眼部立体效果。

① 眼影粉：有珠光和哑光两种，一般化妆选用粉状眼影。其色彩丰富、易涂抹，为眼部增添迷人的层次感和立体感；但易掉粉，容易花妆。

② 眼影膏：滋润性好，色彩艳丽，但容易脱妆，眼部褶皱较多的人不宜使用，如图1-28所示。

③ 眼影笔：不适合大面积使用，可用来强调眼部线条，如图1-29所示。

图 1-28 眼影膏

图 1-29 眼影笔

（2）眼线类：主要分为眼线笔、眼线液、眼线膏。用于调整和修饰眼部轮廓，增强眼部的神采。

① 眼线笔：形似铅笔，笔芯柔软，效果自然，易描画。常见的眼线笔有黑色和棕色，如图1-30所示。

② 眼线液：液体状，描画顺滑，线条清晰，但不易修改，如图1-31所示。

③ 眼线膏：膏状眼线用品，一般采用细头的化妆笔来描画，如图1-32所示。

图 1-30 眼线笔

图 1-31 眼线液

图 1-32　眼线膏

（3）眉部：主要有眉笔和眉粉两种，用来增强眉毛立体感和生动感。常用的有黑色和棕色。

①眉笔：呈铅笔状，质地硬，表现力强，描画时边缘线清晰，可将眉毛一根根描出来，如图 1-33 所示。

②眉粉：质地同眼影相似，可用眉刷蘸取眉粉描画出眉形。描画时边缘线模糊，如图 1-34 所示。

图 1-33 眉笔

图 1-34 眉粉

（4）胭脂：又名腮红，能够改善肤色，修正脸型结构，使人物面部呈现红润的肤色。分为粉状和膏状两种。

①粉状腮红：易晕染，一般选择橙色、桃粉色，有珠光和亚光两种，如图 1-35 所示。

②膏状腮红：在打完粉底、定妆前使用，能体现皮肤质感，可用手涂抹，如图 1-36 所示。

图 1-35　粉状腮红

图 1-36　膏状腮红

（5）唇部：修饰唇形，强调唇部色彩和立体感，选择时应和妆面色彩相协调。

①唇膏：固体，最常见的就是口红，色素含量大，着色效果好，持久，如图 1-37 所示。

②唇蜜：液体状，略带色彩，半透明，遮盖力差，适合淡妆、裸妆使用，视觉晶莹透亮，增添唇部光亮度，如图 1-38 所示。

③唇彩：颜色比唇蜜厚重，遮盖力较强，色彩比较丰富，如图 1-39 所示。

④唇线笔：用于描画唇部轮廓，减少口红外溢，可增加唇部的立体感，如图 1-40 所示。

图 1-37　唇膏

图 1-38　唇蜜

图 1-39　唇彩

图 1-40　唇线笔

(6) 睫毛类：

① 睫毛膏：用来修饰睫毛，增加睫毛的长度和浓密度，增添眼部神采，如图 1-41 所示。

② 假睫毛：线制、胶制，如图 1-42 所示。

图 1-41 睫毛膏

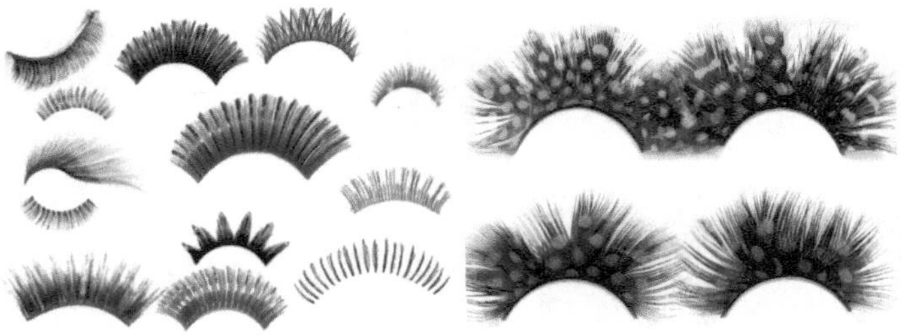
图 1-42 各类假睫毛

(四) 治疗类

针对性强，可治疗和改善问题性皮肤。

牛刀小试：

1. 彩妆用品有哪些分类？

2. 简述眉笔与眉粉的区别。

任务三　常用化妆工具的使用与保养

任务情景

同学们看到老师讲台上摆放的各式各样的化妆工具，一个个抓耳挠腮却不知道怎么使用。古人云"工欲善其事，必先利其器"，一套好的化妆工具是化好妆的基础，那么化妆工具该怎么去使用和保养呢？下面就让老师来做一个化妆必备工具套装介绍吧。

任务要求

熟悉常用化妆工具，并懂得如何选择、使用和保养。

知识准备

一、化妆工具的使用

1. 化妆海绵

如图 1-43 所示，化妆海绵是打粉底的工具，它可以用来推匀霜状和液体状粉底，质地好的海绵延展性很好，可以让粉底和肌肤更好地贴合。

使用方法：先将化妆海绵浸泡在干净的水中或使用喷壶将海绵喷湿，再将水分挤出，然后再蘸粉底在皮肤上均匀涂抹。

图 1-43　化妆海绵

2. 化妆粉扑

如图 1-44 所示，化妆粉扑用于扑定妆粉，一般呈圆形。建议选择天鹅绒棉粉扑。刚刚买回来的粉扑需要在使用之前洗涤一下，让皮肤有轻柔舒适的感觉。粉扑可以擦去多余的散粉，让粉和肌肤紧密结合，不容易脱妆。

使用方法：粉扑蘸取一定量的粉蜜或粉饼，再用粉扑按压脸部各个部位定妆。也可在化妆时将粉扑勾在小手指上，避免弄花妆面，在化妆过程中保持妆面的清洁度。

图 1-44　化妆粉扑

3. 美目胶带

美目胶带是矫正眼形的化妆用具，它是一种带有黏性的透明胶带，用来塑造双眼皮，如图 1-45 所示。

使用方法：根据眼部结构用剪刀将胶带剪出长短、宽窄适合的弧形，粘贴在上眼睑的适当部位，用来调整两眼不同的双眼皮宽度和矫正双眼皮的弧度。

图 1-45 美目胶带

4. 修眉刀

修眉刀是用来修整眉形及去除多余毛发的工具，对于眉毛生长迅速和需要大面积去毛的人来说，修眉刀是个好帮手。它能在不破坏原有眉形的基础上，去除多余的杂乱眉毛，安全又快速，有去除毛发快而整齐的特点，如图 1-46 所示。

使用方法：将皮肤绷紧后，刀片与皮肤呈 45 度角，紧贴皮肤将毛发割断。

图 1-46 修眉刀

5. 眉钳

眉钳是修整眉形的工具，钳口最好是斜面的，便于控制和操作，还要给眉钳准备一个小帽，不用的时候要罩上。眉钳可将眉毛连根拔起，但采用眉钳拔眉毛容易造成皮肤红肿，如图 1-47 所示。

使用方法：用眉钳将眉毛夹起，轻轻快速拔掉。

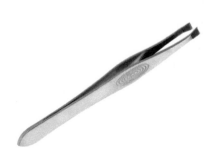

图 1-47 眉钳

6. 剪刀

剪刀用来修剪杂乱或者下垂的眉毛，修剪美目胶带和假睫毛，如图 1-48 所示。

图 1-48 剪刀

7. 睫毛夹

睫毛夹能使睫毛卷翘。卷翘的睫毛令眼睛看起来明亮有神，但不是每个人的睫毛都天生卷翘，睫毛夹就是弥补这个小缺憾的最好工具。如果评选最常用的化妆工具，睫毛夹一定榜上有名。常见的睫毛夹分为铁制睫毛夹、塑料睫毛夹、电烫睫毛夹、局部用睫毛夹等，如图 1-49 所示。

使用方法：先将眼睛朝下看，然后把睫毛夹紧贴着睫毛根部轻轻夹住睫毛，最好能在刷睫毛膏之前将睫毛夹弯。

图 1-49　铁质睫毛夹

8. 假睫毛

假睫毛可增加睫毛的浓度和长度，为眼部增添神采。现实生活中可佩戴仿真睫毛，在参加 Party 或者拍写真照时可选择夸张的假睫毛，常常可以收到超乎想象的效果。各种彩色的假睫毛，效果更是眩目，如图 1-50 所示。

使用方法：先将假睫毛修剪合适，然后用化妆专用胶水将其固定在睫毛根上。

9. 睫毛胶

睫毛胶用于粘贴假睫毛和面部饰品，如图 1-51 所示。

图 1-50　假睫毛

图 1-51　睫毛胶

10. 化妆套刷（如图 1-52 所示）

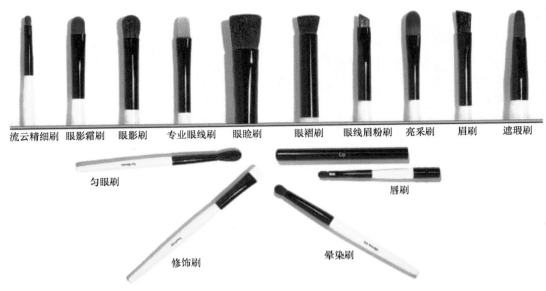

流云精细刷　眼影霜刷　眼影刷　专业眼线刷　眼睑刷　眼褶刷　眼线眉粉刷　亮采刷　眉刷　遮瑕刷

匀眼刷

唇刷

修饰刷

晕染刷

图 1-52　化妆套刷

（1）腮红刷：腮红刷要挑选刷毛不是齐头的，而是中间长、两边短并呈弧度的刷子，刷毛要柔软。一把好的腮红刷可以使双颊粉嫩自然，如图 1-53 所示。

（2）修容刷：化妆结束后用于涂阴影色，修饰面部轮廓，如图 1-54 所示。

（3）粉底刷：用于涂抹液状粉底，可使粉底均匀涂抹，如图 1-55 所示。

（4）眼影刷：用于涂抹眼影，以柔软耐用为上品，通常成套购买，建议不同色系选用不同的刷子，以保证颜色纯正，如图 1-56 所示。

（5）眼影棒：材质是海绵，化妆时直接用眼影棒涂眼影，也可以用来修改不当的描画和颜色。刷头采用海绵的棒形设计，很适合用来推匀细部及颜色较深的眼影。使用时可稍加湿润，可以使眼影粉和皮肤更加贴合，如图 1-57 所示。

（6）睫毛刷：对于刷完睫毛膏后睫毛粘连的问题，最有效的解决办法就是使用睫毛刷梳理，它能将睫毛膏均匀地梳开，去掉睫毛膏凝块，避免睫毛打结。梳理后的睫毛自然生动，看起来也很浓密。市场上出售的多为睫毛、眉毛两用型，使用十分方便，如图 1-58 所示。

（7）眉刷：可蘸取眉粉描画眉毛，一般选择刷毛扁平、不分散的斜面眉刷，如图 1-59 所示。

（8）眉梳：主要用来配合眉剪，用以整理和修剪眉毛，如图 1-60 所示。

（9）唇刷：用于涂抹唇膏等唇部化妆品，每次使用之后或是使用不同颜色的唇膏时，都要用纸巾把唇刷上多余的唇膏擦拭干净。唇刷很容易掉毛，所以清洁的时候不要太用力，如图 1-61 所示。

（10）扇形刷：用来扫除面部多余的浮粉或落下的杂质，如图 1-62 所示。

图 1-53　腮红刷

图 1-54　修容刷

图 1-55　粉底刷

图 1-56　眼影刷

图 1-57　眼影棒

图 1-58　睫毛刷

图 1-59　眉刷

图 1-60　眉梳

图 1-61　唇刷

图 1-62　扇形刷

11. 化妆箱（包）

化妆箱（包）用于化妆物品的存放。化妆箱一般为多层组合，每层可放不同性质的化妆品，如图 1-63 所示。

图 1-63　化妆箱

二、化妆工具的保养

1. 化妆刷的清洗与保养

清洗化妆刷时，可放入温的洗发水中清洗，刷毛中沉积的化妆品在温水的轻压下会很快溶解，反复挤压后，放入清水中冲洗干净，最后挤干刷毛，恢复刷毛的原形，放阴凉处晾干即可。

化妆刷的保养：在每次使用后都将上面的化妆粉用纸巾擦拭干净。

2. 化妆海绵与粉扑的清洗与保养

打底的海绵应在每次使用后用香皂彻底清洗干净，保持打底海绵的洁净度。打底海绵如果出现碎末状应及时更换。

海绵与粉扑的保养：使用之后要用香皂清洗干净，放通风处自然风干。

牛刀小试：

熟练掌握各种化妆工具的用途。

任务四　化妆的基本专业知识

任务情景

　　化妆师为什么要学素描和色彩呢？化妆师学习素描可以为人物造型打下基础，学习色彩可以为人物化妆并塑造美的形象奠定基础。从专业角度来说，是为了培养化妆师对于不同人物脸型、线条和化妆品色彩的运用能力。素描和色彩都是相对基础的内容，如果在此之前没有学过也不用担心，通过短期的学习都是可以顺利掌握的。

任务要求

　　1. 掌握与化妆相关的专业知识。

　　2. 将所学的相关专业知识运用到以后化妆的实践操作中。

知识准备

一、化妆与素描

1. 素描的认识

　　所谓素描就是利用单一的颜色或少许其他颜色，通过铅笔、碳铅、碳条、钢笔等素描材料，来描绘出一个物体的形式，体现一个物体的空间立体感，如图 1-64 所示。

图 1-64　素描静物

素描的三大面包括：亮面、灰面、暗面。物体在受到光源的照射后，呈现出不同的明暗，受光的一面叫亮面，侧受光的一面叫灰面，背光的一面叫暗面。

素描的五大调子包括：高光、暗调、明暗交界线、灰调、反光。调子是指画面不同明度的黑白层次，是体面所反映光影的变化，也就是面的深浅程度。在三大面中，根据受光的强弱不同，还有很多明显的区别，形成了五个调子。除了亮面的高光，灰面的灰调和暗面的暗调之外，暗面由于环境的影响又出现了"反光"。另外，在灰面与暗面交界的地方，它既不受光源的照射，又不受反光的影响，因此挤出了一条最暗的面，叫"明暗交界"。这就是我们常说的"五大调子"。当然，实际画起来不仅仅局限于是这五大调子。在初学时，我们起码要把这五种调子把握好，在画面中树立调子的层次感，即画面黑、白、灰的关系，运用好这几大调子来统一画面，表现画面的整体效果。

2. 素描的分类

（1）结构素描：用线条表现物体的框架结构，运用透视原理来表达物象的空间感和体积感，如图 1-65 所示。

（2）光影素描：借助光影用明暗手法表现物体的黑白灰关系，用色调的深浅变化来传达物象的空间感和立体感，如图 1-66 所示。

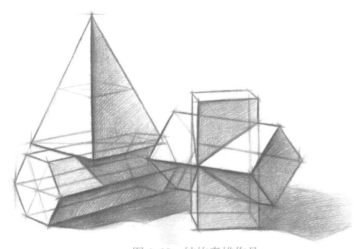

图 1-65　结构素描作品

图 1-66　光影素描作品

（3）绘画中的注意事项：

① 构图比例（分类）。

② 结构比例（透视）。

③ 明暗关系。

④ 线条的画法：

a. 正确线条：两头轻、中间重，如图 1-67 所示。

b. 错误排线："十"字交叉，"丁"字线、"井"字排线、"弹簧"形线，如图 1-68 所示。

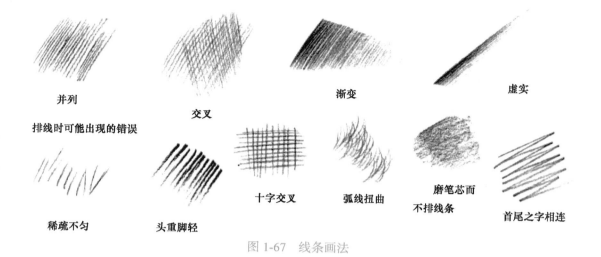

并列

交叉

渐变

虚实

排线时可能出现的错误

稀疏不匀

头重脚轻

十字交叉

弧线扭曲

磨笔芯而
不排线条

首尾之字相连

图 1-67 线条画法

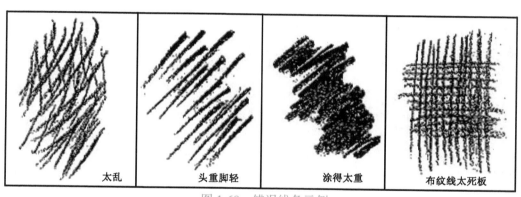

太乱

头重脚轻

涂得太重

布纹线太死板

图 1-68 错误线条示例

4. 化妆与素描的关系

学好素描是现代造型师的必修课程。素描是一切造型艺术设计的基础，而化妆的过程就是一种艺术造型的过程。化妆与形象设计的目的就是达到对人体面部以及整体的美化与塑造效果。学习素描可以提高化妆师的审美能力、观察能力、造型能力以及动手能力，所以作为化妆师，素描的基本功是必不可少的。

绘画化妆是化妆造型中最常用的表现手法，利用绘画的原理，如明暗层次变化、线条造型变化、色彩深浅变化等，在模特的脸上表现出体积感，通过调整五官比例、改变肤色、塑造形象等来完成化妆设计，达到造型要求。

学习素描的同时也可以先在纸上练习你所要化的妆面，将你要化的妆首先在纸上展现出来，如图 1-69 所示。

因此，打下坚实的素描基础是现代造型师的首选课程，素描课的学习应该贯穿于整个化妆学习过程，使学生具备扎实的绘画功底，才能深入这个行业，成为一名优秀的化妆师。

图 1-69　纸上练习化妆示例

二、化妆与色彩

1. 色彩

色彩是构成美的世界必不可少的因素，不同的色彩给人不同的视觉感受。它可使人的神经和情绪发生改变，又能影响人的心理及生理感应。

色彩不仅会体现在人们的衣、食、住、行中，也会体现在美容、美发以及爱美女性的化妆当中，也可以说色彩无处不在。因此，作为专业化妆师或造型师，必须要正确掌握色彩这一造型元素，使造型更加丰富多彩。

光的认识：光是世界万物色彩的来源，是以电磁波的形式存在的。各种物体能在人眼中呈现出各自不同的色彩的视觉现象，是由于光的吸收和反射作用而产生的，是可见光对人的眼睛作用的结果。人类感官所能感受到的不同的波长刺激感官，会让人依次体验到红、橙、黄、绿、青、蓝、紫七种颜色。

色彩的来源：色彩是由于物体的反射与吸收的作用而产生的，且色彩是由物体的反射而决定的。

2. 色彩的原理

很多化妆师都有过这种经历：有时设计出的作品色彩搭配和谐美观，有时却怎么设计也得不到令人满意的效果。这些都很有可能是还没有完全掌握色彩搭配的原理和技巧而造成的。所以说，在化妆当中，色彩之间的搭配是否巧妙协调，对于妆面的整体效果来说起着决定性的作用，色与色之间的差距形成了一定的对比关系，有的是强对比，有的是弱对比。化妆中如何运用色彩，首先必须要了解色彩的原理。只有真正了解和掌握了这些色彩原理，在化妆中搭配运用起来才会得心应手。

3. 色彩的三要素

（1）色相：色彩的"相貌"和"特征"，是一个颜色区别于其他颜色的特征。红、橙、黄、绿、青、蓝、紫是七种基本色相。从色相上分有：红调子、黄调子、绿调子等，如图 1-70 所示。

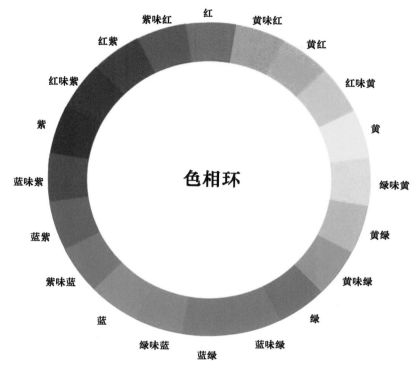

图 1-70　色相环

（2）明度：色彩之间明暗、深浅上的不同变化。从明度上分为：亮调子、灰调子、暗调子。按照明度的高低，七种颜色可以排列为：黄色—橙色—绿色—红色—青色—蓝色—紫色。同一种颜色也会有明度的差别（如图 1-71 所示），如黄色系明度上可分为柠檬黄、浅黄、土黄等。

色彩的明度对比是十分重要的，色彩的层次与空间关系主要依靠色彩的明度来表现，如果只有色相的对比及纯度的对比而无明度的对比，整体妆容的轮廓及形状就难以辨认了。

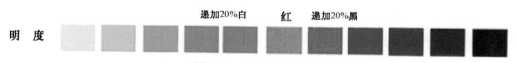

图 1-71　同色明度对比

（3）纯度：色彩的鲜艳度或饱和度，也叫彩度。纯度的变化可通过三原色相互混合产生，也可在颜色中加入白色、黑色等使纯度降低。纯度越高，颜色越醒目。

纯色相组合的色调为全纯度色调，属于极强烈的配色，纯度越高，色彩越鲜明，对比就会越强烈，妆容会给人产生明艳、跳跃的感觉。纯度低，色彩对比较弱，给人感觉含蓄、柔和。

色调：色调指整体的色彩倾向，即色相与色相之间组成的色彩效果。色调是由占据主要面积的色彩决定的，可以划分为艳色、柔和色、深色、暗色等若干组合。色调可以是亮色调或暗色调，鲜艳色调或含灰色调，也可以是冷色调或暖色调，或是有某一色相倾向的色调，如红色调、绿色调、黄色调等。每一种色调中的颜色均可以有色相、明度、纯度的变化，使色彩更加丰富。

色性：色彩的冷暖属性。从色性上分为：冷调子、暖调子、中间调子。颜色的冷暖不是绝对的，而是在颜色的相互比较中显现出来的。在化妆造型中，色彩的冷暖要看颜色之间的搭配情况，不同的颜色色彩搭配会产生不同的冷暖效果，如图 1-72 所示。

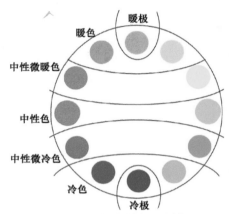

图 1-72　颜色的色性划分

4. 色彩的分类

无论服装、彩妆（眼影、口红、腮红）、饰物、包、鞋子等，都会运用到色。颜色用得不好就达不到预期效果，颜色运用到位则会起到事半功倍的效果。色彩寓意人的情绪，也是人的性格展示，如在节日里会多用喜庆之色，中国常以红色调为主来表示喜庆、吉祥。因此，整体形象设计应先从了解色彩，恰当运用色彩开始，如图 1-73 所示。

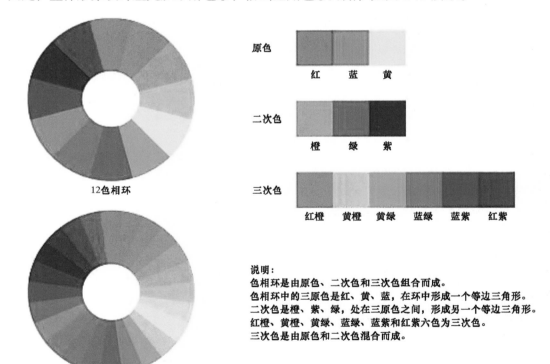

说明：
色相环是由原色、二次色和三次色组合而成。
色相环中的三原色是红、黄、蓝，在环中形成一个等边三角形。
二次色是橙、紫、绿，处在三原色之间，形成另一个等边三角形。
红橙、黄橙、黄绿、蓝绿、蓝紫和红紫六色为三次色。
三次色是由原色和二次色混合而成。

图 1-73　色相环

（1）有彩色系：含有某种标准色倾向的颜色。

（2）无彩色系：没有颜色，只有明暗度，指黑、白、灰、黑，白被称为极色。

（3）独立色系：金、银等无法调配出来的颜色。

5. 色彩之间的关系

（1）三原色：色彩的源泉，万色之母，色彩当中最纯正的颜色，也是不能再被分解的。通过比例相等的原色相混后可以调配出一切有色系，但任何色彩相混都无法得出三原色，故常被称为"第一次色"，如图1-73所示。

红：品红（帼红），第一次色。

黄：柠檬黄，第一次色。

蓝：鲜蓝，第一次色。

（2）三间色：由两个相等比例的原色相混合后得出的色彩，又称"第二次色"。例如，橙色＝红＋黄，绿色＝蓝＋黄，紫色＝蓝＋红，如图1-74所示。

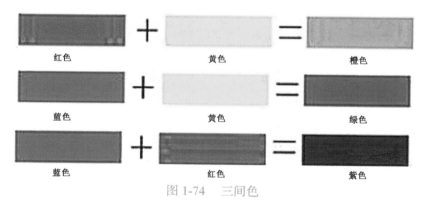

图1-74　三间色

（3）复色：由三种原色按不同比例调配而成或间色与间色调配而成的色，也叫三次色、再间色。例如，绿＋橙＝咖啡色、橙＋红＝鲜红色、黄＋绿＝翠绿、黄＋橙＝橙黄，这些都是复色。间色和复色又统称为混合色。

（4）同类色：双色色相主体的原色基调相同，但明度不同。相距60度角以内。

（5）邻近色：双色色相主体的原色基调有一半相同之处。相距60度角。

（6）对比色：双色色相主体的原色基调完全不同，色彩之间对比强烈。相距120度角。

（7）互补色：一方色相主体以一种原色为基调，另一方色相主体以剩余其他两种原色为基调，双色调配在一起成灰棕色，与三原色混合时效果一致。相距180度角，如图1-75所示。

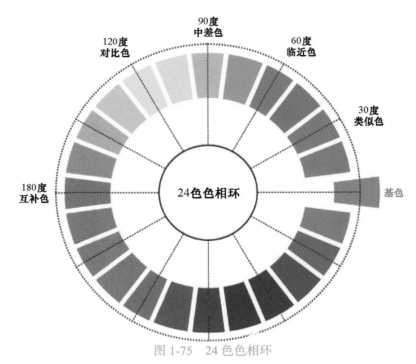

图 1-75 24 色色相环

6. 色彩的特征与搭配

任何一种色彩都有色调、明度、彩度三种属性，三者同时存在，密不可分。

各种不同的色调给人的视觉感受是不一样的。在极浅色调中含有大量的荧光或白，这类色彩光感强，视觉感相对来说也强烈，塑造天使妆容时比较常见；浅色调，颜色感相对清晰，有一定的色彩倾向，这类色彩干净、清秀、优雅；亮色调，彩度很高，接近纯色，要想得到这类色彩，可以在鲜艳的色彩中加入白色，如天蓝、柠檬黄、粉红、嫩绿等；鲜艳色调，色彩饱和度高，常用在装饰性强的化妆中，如大红、橙等；中间色调，给人优雅、含蓄、梦幻、模糊感；深色调，含有大量的黑，给人低沉、忧郁、深沉、有压力感，这类色彩多用于时装发布会、妆容创作或搭配深色服装。

色彩的搭配不仅关乎妆容，也要和人的肤色、性格及服装的整体色彩互相搭配，达到协调统一的效果。

从化妆角度来讲，肤色、性格是化妆色彩搭配的重要因素。

皮肤的颜色是由褐、黄、红三种颜色组成的，东方人肤色的深浅是由褐色的多少而决定的。深色皮肤的人应该选择偏红或橙色系的色彩，能够调和下褐色的重量，但不能选择太浅的颜色，那样会使肤色更深。偏黄色的肤质可选择偏紫色系，因为冷色系会让偏黄的肤色看起来更加柔和。肤色偏白的人选择色彩的空间比较大，可选择较深的色彩来突出强烈的对比，也可选择浅色来表现柔和的效果。

人的性格也会影响到整个色彩的搭配，如开朗的个性就适合比较鲜明的色彩，但要注意色度深浅的控制。个性比较沉闷内向的就比较适合柔和的色彩，整体感觉不再显得那么冷酷。个性比较稳重成熟的就比较适合沉稳且柔和的色彩，这样可以使整个妆容看起来更加简约大方。

至于色彩的冷暖，暖色艳丽、醒目，具有扩张感；冷色神秘、冷静，具有收缩感。冷色系妆容利用暖色点缀，则更能衬托妆容的冷艳。同样暖色在冷色的衬托下则会显得更加温暖。所以在化妆用色时要注意冷暖色的对比搭配要协调。

其实，所谓的色彩搭配就是根据妆容整体需求，合理地处理色与色之间的关系，这其中既包含了处理强烈的关系，也包含处理微弱的关系。色差关系大的，因为信息明确，相对会好处理些；色差关系小的，因为它的微妙，处理起来相对比较难一些。所以，在搭配色彩之前首先掌握色彩的基本知识是必要的，我们不仅要运用好那些高饱和耀眼的色彩，还要让那些低纯度的色彩体现它们的作用，以达到整体妆容的完美协调。

（1）色彩的感情。色彩的感情，是人们心理错觉统一而赋予的，分为冷暖感、轻重感、胀缩感、进退感、软硬感、明快与阴郁感、兴奋与沉静感、华丽与质朴感等。

根据不同季节，春天高贵、典雅，粉底要亮、薄，妆色使用桃红、橘红、黄色、绿色；夏天用冷色调，粉底力求白色，眼影以海洋色为基调；秋天要选用有质感的颜色，如紫罗兰色、宝蓝色、棕色等；冬天应强调色彩缤纷的感觉，粉底可略厚一些。

（2）色彩的象征意义举例。每个色彩都有它自己的语言，找到适合自己的色彩不仅能突出自身的优点，还可以充分表达自己的个性风格。

红色：东方色彩、喜庆、吉祥、热情、亲和力、积极、幸福、温暖、革命、危险、恐怖

玫红：艳丽、夺目、妖媚

橙色：饱满、光明、热情、火焰、亲切、开朗、有活力、自由、华丽、兴奋、甜蜜、警告

黄色：忠诚、喜悦、光明、活泼、年轻、希望、运动、机智、明朗、注目、可爱、高贵、注意

绿色：新鲜、春意、和平、环保、健康、充满生命力、温顺、活力、希望

淡绿：素雅、清新

蓝色：清新、凉爽、时尚、干净、深远、安静、透明、理性、理智、和平、安逸、诚实

浅黄：可爱、幼小、纯真

粉红：可爱、纯情、温柔、娇嫩、女人味、娇美

紫色：权威、高贵、典雅、冷艳、妖媚、神秘、优雅、魅力、自傲、感伤、轻率

宝蓝：华丽

咖啡：自然、稳定、成熟、稳重、端庄、含蓄、典雅

酒红：华丽、妖媚

金色：时尚、权威、有王者霸气、象征财富和宫廷

银色：前卫、另类、时尚、代表未来

白色：干净、朴素、纯真、天使纯洁、可塑性强、神圣、柔弱、虚无

灰色：精致、品味、素雅、单调、平淡、正派、摩登、谦虚、平凡、沉默、寂寞、忧郁、消极

黑色：坚实、坚定、力量、神秘、庄重、压力、冷漠、刚硬、严肃、自然、崇高、沉默、黑暗

（3）最佳色彩的搭配。色彩搭配是门看似简单，其实很深奥的学问。

① 红色配白色、黑色、蓝灰色、米色、灰色。

② 粉红色配紫红色、黑色、灰色、墨绿色、白色、米色、褐色、海军蓝色。

③ 橘红色配白色、黑色、蓝色。

④ 黄色配紫色、蓝色、白色、咖啡色、黑色。

⑤ 咖啡色配米色、鹅黄色、砖红色、蓝绿色、黑色。

⑥ 绿色配白色、米色、黑色、暗紫色、灰褐色、灰棕色。

⑦ 墨绿色配粉红色、浅紫色、杏黄色、暗紫红色、蓝绿色。

⑧ 蓝色配白色、粉蓝色、酱红色、金色、银色、橄榄绿色、橙色、黄色。

⑨ 浅蓝色配白色、酱红色、浅灰色、浅紫色、灰蓝色、粉红色。

⑩ 紫色配浅粉色、灰蓝色、黄绿色、白色、紫红色、银灰色、黑色。

⑪ 紫红色配蓝色、粉红色、白色、黑色、紫色、墨绿色。

（4）化妆妆色的搭配。

① 同类色搭配：运用色彩明暗度上的差异而突出对比效果，明暗对比强烈时，有明显的凹凸效果；明暗对比弱时，效果则淡雅、柔和，比较自然。

② 邻近色搭配：使单一的色彩表现出丰富的视觉效果，不用明显划分主次，对比不太明显。

③ 对比色搭配：色块对比强烈，不分主次时，适合浓妆；强调主次时，也可用于淡妆；一般多用三原色互相搭配。包括冷暖色搭配。

④ 互补色搭配：对比强烈，特别强调主次，一色为另一色作烘托。

（5）化妆色彩调配举例。需要使某个部位突出或显得明亮时，可在原来的颜色上加白色或浅色；胭脂颜色太深时可加白色调和，修容色太浅时可加褐色；如果想要红色变得深一点，可加棕色或褐色；褐色可用蓝色 + 棕红色调配。

① 化妆的色彩要与个人内在气质相吻合。每个人都有着不一样的气质，每个色彩也有它所代表的特点。例如，清纯可爱的人，可以选择粉色系的化妆色彩；高雅秀丽者，可以选择玫瑰或紫红色系的色彩。

② 化妆的色彩要与个人的年龄相吻合。小女孩应该尽量使用淡色，如粉红色系；年龄稍大的女孩，可以使用较深或较鲜艳的色彩，这样才能给人醒目的感觉，且看起来也比较成熟。

③ 化妆色彩要与个人的肤色相吻合。

a. 粉底的选择：可以用下颌与颈部连接的部位来试粉底的颜色，最好要与自己的肤色相同，或比肤色浅一度的颜色也可以。

b. 腮红的选择：对于皮肤比较白的人，应该选择粉色系，肤色较深的人，应该选择咖啡色系，荧光的腮红，可以用来显示额头。

c. 口红的选择：浅色有荧光的口红，会使嘴巴显大，皮肤比较黑的人，千万不要涂浅色或荧光的口红，否则会让你显得暗淡无色；肤色较白的人，任何颜色的口红都可以用；皮肤较黑的人选择色彩，要避免黄、粉红、银色、淡绿或浅灰色口红，可以选择暖色偏暗红或咖啡系的口红。

④ 化妆色彩要与服饰的颜色协调。

a. 穿着浅色的服装，化妆时，色彩应该显得素雅，最好与服装的颜色一致。

b. 穿深色单一色彩的服饰，可以选择临近或同色系的彩妆搭配，如绿色或蓝色服装，可以选择对比色系的彩妆，像大红色、橙色都可以用来搭配。

c. 穿黑色、灰色、白色的服装，可以选择比较鲜艳、比较深或无荧光的彩妆来搭配。

d. 眼部化妆的色调，可以选用与服装相同或对比色来搭配。

（6）配色原则。

① 色调配色：指具有某种相同性质（冷暖调，明度，艳度）的色彩搭配在一起，色相越全越好，最少也要三种色相以上。例如，同等明度的红、黄、蓝搭配在一起。大自然的彩虹就是很好的色调配色。

② 近似配色：选择相邻或相近的色相进行搭配。这种配色因为含有三原色中某一共同的颜色，所以很协调。因为色相接近，所以也比较稳定，如果是单一色相的浓淡搭配则称为同色系配色。出彩搭配：紫配绿，紫配橙，绿配橙。

③ 渐进配色：按色相、明度、艳度三要素之一的程度高低依次排列颜色。特点是即使色调沉稳，也很醒目，尤其是色相和明度的渐进配色。彩虹既是色调配色，也属于渐进配色。

④ 对比配色：用色相、明度或艳度的反差进行搭配，有鲜明的强弱。其中，明度的对比给人明快清晰的印象，可以说只要有明度上的对比，配色就不会太失败。例如，红配绿，黄配紫，蓝配橙。

⑤ 单重点配色：让两种颜色形成面积上的大反差。"万绿丛中一点红"就是一种单重点配色。其实，单重点配色也是一种对比，相当于一种颜色做底色，另一种颜色做图形。

⑥ 分隔式配色：如果两种颜色比较接近，看上去不分明，可以靠对比色加在这两种颜色之间，增加强度，整体效果就会很协调了。最简单的加入色是无色系的颜色和米色等中性色。

⑦ 夜配色：严格来讲这不算是真正的配色技巧，但很有用。高明度或鲜亮的冷色与低明度的暖色配在一起，称为夜配色或影配色。它的特点是神秘、遥远，充满异国情调、民族风情。例如，凫色配勃艮第酒红，翡翠松石绿配黑棕。

（7）皮肤和粉底。打粉底的目的是改变肤色，使皮肤更有光泽、更细腻，掩盖瑕疵。粉底有液状、霜状、膏状，不同状态适合不同肤质、季节、场合。

粉底的不同颜色可表现出不同风格。灰褐色系表现自然、年轻、明朗、健康的肤色；橄榄色系则自然、深邃、冷淡、个性美；粉红色系显得可爱、优美；杏仁色系高雅、白皙、透明。此外，淡绿色粉底适合红色的皮肤，淡紫色粉底适合黄色的皮肤。

粉红色调：特别适合皮肤白皙、浅色头发的女性。粉底可用浅粉红色。

粉质系统：适合棕色眼睛、红棕色头发的女性。粉底可采用带赭色的金色系统。

桃红色调：特别适合面色蜡黄或略带病容的女性。粉底可采用金色带亮光的。

黄棕色调：适合面部有些微血管爆裂的女性。粉底可以采用黄棕色。

护肤保养提升的是人的气质，而化妆则改善人的气色。一个好的妆面要配合服装、发型的整体效果，更要和人的年龄、气质、职业、场合等相结合。少女妆的粉底不需多，重点修饰眼睛、嘴巴、腮红就好；年轻女性自然就是美，眼睛不需特别突出；而中年人则应细致地修饰，一丝不苟地化妆，显示好气色；上班妆要端庄，不可花枝招展；朋友聚会妆要自然、亲和、柔和；郊游妆需随意些，服饰也要随意；宴会妆浓艳，但要端庄。

常用的两大妆色系：

粉红色系：粉红、蓝、紫、紫红、蓝紫、玫红。

金黄色系：黄、橙、黄橙、绿、黄绿、蓝绿、咖啡色、红橙、桔、褐色。

若要保持妆面的平衡感，整体颜色应选择在同一色系中。

在配色时，必须注意衣服色彩的整体平衡以及色调的和谐。通常浅色衣服不会发生平衡问题，下身着暗色也没有多大问题，如果是上身暗色，下身浅色，鞋子就扮演了平衡的重要角色，它应该是暗色比较恰当。

（8）化妆与色彩的关系。生活是五彩缤纷的，化妆也是如此的，所以，如何巧妙地运用色彩搭配是完成化妆的重要因素。

① 色彩明度对比的搭配。明度对比是指运用色彩在明暗程度上产生对比的效果，也称深浅对比。明度对比有强弱之分。强对比颜色间的反差大，对比强烈，产生明显的凹凸效果，如黑色与白色对比。弱对比则淡雅含蓄，比较自然柔和，如浅灰色与白色对比、淡粉色与淡黄色对比、紫色与深蓝色对比。化妆中色彩运用明度对比进行搭配，能使平淡的五官显得醒目，具有立体感。

② 色彩纯度对比的搭配。纯度对比是指由于色彩纯度的区别而形成的色彩对比效果。纯度越高，色彩越鲜明，对比越强烈，妆面效果明艳、跳跃。纯度低，色彩便浅淡，色彩对比弱，妆面效果则含蓄、柔和。化妆中色彩运用纯度对比进行搭配，要分清色彩的主次关系，避免产生凌乱的妆面效果。

③ 同类色对比、邻近色对比的搭配。同类色对比是指在同一色相中，色彩的不同纯度与明度的对比，如化妆中使用深棕色与浅棕色的晕染属于同类色对比。邻近色对比则是指色相环中距离接近的色彩对比，如绿与黄、黄与橙的对比等。运用这两种色彩进行搭配，妆面柔和、淡雅，但容易产生平淡、模糊的妆面效果。因此，在化妆时，要适当地调整色彩的明度，使妆面效果和谐。

④ 互补色对比、对比色对比的搭配。互补色对比是指在色相环中呈180度的相对的两个颜色，如绿与红、黄与紫、蓝与橙。对比色对比是指三个原色中的两个原色之间的对比。这两种对比都属于强对比，对比效果强烈，引人注目，适用于浓妆及气氛热烈的场合。在搭配时，要注意强烈效果下的和谐关系。使之和谐的手法有改变面积、改变明度、改变纯度等。

⑤ 冷色、暖色对比的搭配。色彩的冷暖感觉是由各种颜色给予人的心理感受而产生的。暖色艳丽、醒目，具有扩张的感觉，容易使人兴奋，使人感觉温暖；冷色神秘、冷静，具有收缩的感觉，使人安静平和，感觉清爽。冷色在暖色的衬映下，会显得更加冷艳。例如，冷色系的妆面运用暖色点缀，则更能衬托出妆容的冷艳；同样暖色在冷色的映衬下会显得更加温暖。在化妆用色时应充分考虑到这一点。

（9）眼影色与妆面的搭配。

① 日妆眼影色及妆面效果。日妆眼影色柔和自然，搭配简洁，在选择时要根据个人的喜好、职业、年龄、季节与眼睛的条件来选择。例如，浅蓝色与白色搭配，眼睛显得清澈透明；浅棕色与白色搭配，妆面显得冷静、朴素；浅灰色与白色搭配，妆面给人以理智、

严肃的印象；粉红色与白色搭配则充满了青春活力。

② 浓妆眼影色及妆面效果。浓妆眼影色对比强烈、夸张，色彩艳丽、跳跃，搭配效果醒目，面部的立体感强。在选择眼影色时要根据不同的妆型选择所用的眼影色。例如，紫色与白色搭配，妆型冷艳，具有神秘感；蓝色与白色搭配，妆型高雅、亮丽；橙色与黄色搭配，显示女性的妩媚；橙色与白色搭配，显示女性的温柔；绿色与黄色搭配，给人以青春、浪漫的印象。

（10）胭脂色与妆面的搭配。

① 日妆胭脂色。日妆胭脂色宜选粉红色、浅棕红、浅橙红等比较浅淡的颜色。选色时要与眼影及妆面其他色彩相协调。

② 浓妆胭脂色。棕红色、玫瑰红等较重的颜色适用于浓妆。但胭脂色与眼影和唇色相比，其纯度与明度都应适当减弱，从而使妆面有层次感。

（11）唇膏色与妆面的搭配。

① 棕红色：色彩朴实，使妆面显得稳重、含蓄、成熟，适用于年龄较大的女性。

② 豆沙红：色彩含蓄、典雅、轻松自然，使妆面显得柔和，适用于较成熟的女性。

③ 橙色：色彩热情，富有青春活力，妆面效果给人以热情奔放的印象，适用于青春气息浓郁的女性。

④ 粉红色：色彩娇美、柔和，使妆面显得清新可爱，适用于肤色较白的青春少女。

⑤ 玫瑰色：色彩高雅、艳丽，妆面效果醒目、艳丽，适用于晚宴及新娘妆。

唇膏色在选色时除考虑以上因素外，还要考虑环境与场合的因素，如时装发布会、化妆比赛、发型展示会、化装舞会等。唇膏用色还有黑色、蓝紫色、绿色、金色等。

（12）光色与妆色。光分为自然光和人造光。自然光是指天光（太阳），人造光是指日光灯、白炽灯等。在进行化妆时要注意光色与妆色的关系。

光色与妆色大体分为冷色系与暖色系两部分，冷暖色光可以使相同的妆色产生变化。化妆造型时，要根据展现妆型的光色条件来选择妆色。

① 暖色光照于暖色妆，妆面效果比较柔和，颜色会变浅。

② 冷色光照于冷色妆，妆面效果显得艳丽。

常见光色对妆色的影响：

① 红色光投照：在红色光投照下，红色、橙色、黄色等偏暖妆色会变浅亮，妆色会依然亮丽、醒目，但红色光如果投照在蓝、绿、紫等冷色妆面时，妆色会显暗。

② 黄色光投照：在黄色光投照下，暖色妆会更加明亮，红色更加饱和，橙色接近红色，黄色接近白色，绿色成为黄绿色，浅淡的粉红则会显得艳丽，冷色系的蓝色与紫色成为暗黑色。

③ 蓝色光投照：在蓝色光投照下，紫色、棕色等中色调妆面会变暗，接近黑色，黄色妆面则变成暗绿色，蓝色、绿色妆面则变得鲜艳。

④ 黑、灰、棕色在各类灯光下，除细微变化外，基本保持不变。

在光色环境中化妆应注意的事项：

① 红色光：红色光能使妆色变浅、五官立体结构不突出。应在化妆时注意五官立体结构的刻画和妆色的加深。

② 蓝色光：蓝色光能使红色妆面变暗，因此，在化妆时用色要浅，口红要偏冷。

③ 黄色：黄色光使妆色变浅；化妆时注意妆色加深。

④ 强光：强光会使一切妆色变浅，面部扁平苍白；化妆时注意妆色加深和强调五官清晰度。

⑤ 弱光：弱光会使妆面显得模糊，因此要强调面部线条与轮廓的清晰度，妆色不宜浓厚。

一名出色的化妆师，不仅需要了解基本的配色原理，更要对色彩有敏锐的感受力。化妆造型时可通过不同的色彩以及颜色搭配，来体现一个人的精神面貌、气质以及人物性格。

牛刀小试：

1. 素描的基本要素是什么？

2. 光色与妆色在化妆造型时需要注意哪些内容？

任务五　化妆的基础技法

任务情景

同学们买齐了化妆品和化妆工具，可是却产生了疑问，这么多化妆品和工具，怎么运用呢？首先要掌握化妆的基本步骤和化妆技法。

任务要求

1. 掌握化妆的基本技法，并能熟练掌握和运用。
2. 了解传统意义上标准脸型的"三庭五眼"。

知识准备

1. 化妆前的皮肤清洁

做好清洁工作是化妆的第一步。洁肤包括两个方面，即卸妆和清洁。化过妆的要先卸妆再清洁，如图 1-76 所示。

2. 修剪眉毛

在清洁干净的皮肤上用修眉刀对眉毛进行修整，根据不同的眉形特点及脸型特点修饰出适合的眉形，如图 1-77 所示。

3. 护肤　擦拭隔离乳

喷洒爽肤水，然后涂隔离霜。隔离霜能减少化妆品对皮肤的伤害，从而对皮肤起到保护的作用，如图 1-78 所示。

图 1-76　清洁卸妆

图 1-77　眉毛修剪

图 1-78　护肤 擦拭隔离霜

4. 修饰双眼皮

根据每个人的具体情况来设计、剪贴、调整双眼皮，如图 1-79 所示。

5. 涂抹粉底

涂抹粉底是化妆的基础，采用海绵和粉底刷将粉底均匀地涂抹在脸上。根据模特肤色肤质选择适合的粉底，如图 1-80 所示。

6. 扑定妆粉

打完粉底后，用粉扑定妆。定妆可以减少粉底的油光感，增强粉底在皮肤上的附着力，使妆面保持长久，如图 1-81 所示。

图 1-79　修饰双眼皮

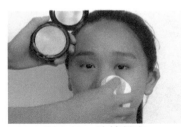
图 1-80　涂抹粉底

图 1-81　扑定妆粉

7. 描画眼影

根据每个人的眼部结构特点选择不同的眼影画法，以营造出不同的妆容效果。眼影颜色要与主体面部色彩协调，与服装色彩相统一，如图 1-82 所示。

8. 描画眼线

在画完眼影之后用眼线笔、眼线液或者眼线膏画眼线，可根据每个人的眼部特点描画。眼线的描画要做到清晰流畅，如图 1-83 所示。

9. 夹睫毛

夹翘睫毛。夹睫毛时先用睫毛夹夹起睫毛根部，再夹中部，最后夹睫毛尖，如图 1-84 所示。

图 1-82　描画眼影

图 1-83　描画眼线

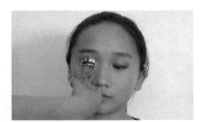
图 1-84　夹睫毛

10. 粘贴假睫毛

涂上睫毛膏，如果有必要的话要粘贴假睫毛。粘贴的方法是将假睫毛略短的一端放在内眼角，略长的一端放在外眼角。粘贴好假睫毛后将真假睫毛刷上睫毛膏，使它们更贴合自然，如图 1-85 所示。

11. 描画眉毛

描画眉毛时，先观察模特适合什么样的眉形。眉毛描画要自然，可采用眉笔和眉粉相结合的画法。描画时，一般遵循眉头淡、眉峰深、眉尾要清晰的原则，如图 1-86 所示。

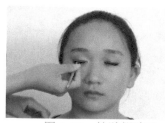
图 1-85　粘贴假睫毛

图 1-86　描画眉毛

12. 涂抹口红

眼妆画完后，唇色就容易确定了。唇色要与腮红色、眼影色相协调，如图 1-87 所示。

13. 打腮红

腮红可以表现人物面部的红润，根据不同的脸型结构来晕扫腮红。如果采用膏状腮红，应该在打完粉底后，扑定妆粉前使用，如图 1-88 所示。

图 1-87　涂抹口红

图 1-88　打腮红

14. 整体妆面检查

化妆顺序没有固定不变的模式，上面的过程也仅供参考。因为每位化妆师的习惯不同，在化妆顺序上也有先后的差别，可根据个人习惯而定。

妆面完成后，要全面仔细地检查妆面的整体效果，确定是否需要调整和修改。要从整体和局部认真查看，如果发现问题要及时修补。

妆面检查主要内容如下：

（1）妆面是否干净，有瑕疵的地方进行调整。

（2）裸露在服装外的皮肤要和脸的肤色协调一致。

（3）眉毛、眼线、唇线以及鼻影的描画是否左右对称，浓淡平衡，粗细一致。

（4）面部基调色彩、眼影颜色的搭配是否和谐统一。

（5）唇膏的涂抹是否有外溢或者残缺。

牛刀小试：

1. 掌握化妆的基本技法。

2. 独立完成一个妆面。

任务六 局部的矫正与修饰

任务情景

人的头部构造相同，但头型却千差万别，因为头骨是由许多块不规则形状的骨骼构成的，每个人骨骼大小形状不一，每块骨骼上又附着着不同厚度的肌肉、脂肪和皮肤，形成了不同的转折、凹凸和弧面，所以有了不同的头型和脸型。每个人的脸型都不相同，在化妆造型的过程中怎么进行修饰才能做到扬长避短，使妆容得到美化呢？

任务要求

1. 准确了解脸型"三庭五眼"的划分方法。
2. 掌握纠正五官的化妆技巧，化妆造型过程中，做到扬长避短、完美妆容的作用。

知识准备

一、脸型美的标准

化妆的功能是修饰面部使之协调美观。修饰脸型是从整体出发，修饰五官是局部刻画。化一个完美妆面就像是完成一幅雕塑作品，从脸型到五官要逐一精雕细刻。

蛋形脸：世界各国均认为"瓜子脸、鹅蛋脸"是最美的脸型，椭圆形脸和比例匀称的五官，一直被公认为最理想的美人标准脸。标准脸型给人以视觉美感，标准脸型的五官比例一般原则是"三庭五眼"。"三庭五眼"是对脸型精辟的概括，对面部的化妆有着重要的参考价值。现实中完全符合美学标准的脸型比较少见，大多数人的脸型都有这样或者那样的缺陷，在以后章节其他脸型的修饰中，均以蛋形脸为标准，在保留其他脸型自身个性美的基础上向其靠拢，起到修饰矫正作用。

如图 1-89 所示，所谓"三庭"是指脸的长度，由前发际线到下巴分为三等分，"上庭"指从人的发际线到眉毛，"中庭"从眉头到鼻尖，"下庭"从鼻尖到下巴，这三段距离正好是相等的，各占 1/3。

所谓"五眼"是指脸的宽度，以眼睛长度为标准，把面部的宽分为 5 个等分。两眼的内眼角之间的距离应是一只眼的长度，两眼的外眼角延伸到耳孔的距离又是一只眼的长度。

另外，眉头、内眼角、鼻梁外侧应基本在同一垂直线上，可根据三点对眉头定位。眉尾、外眼角、鼻翼构成一条直线，可以帮助确定眉毛的长度，如图 1-90 所示。

鼻子：位于面部最中央部，总长度为面部总长度的 1/3，宽度为 1/5，即一只眼睛的长度。

眼睛：位于鼻根两侧，中庭的 1/3 线上；两眼之间为一只眼睛的长度，即一只鼻子的宽度，眼睛形状类似橄榄形，成平行四边形，最高点在外 1/3 处。

眉毛：位于上庭与中庭的分界线上，眉头与内眼角、鼻翼在一条垂直线上；眉尾与外眼角、鼻翼在同一条延长线上；眉峰位于双眼平视前方时，瞳孔外边缘的垂直延长线上。

唇：两唇角位于双眼平视前方时，瞳孔内边缘向下垂直延长线与下庭的 1/3 线交叉处。下唇底线位于下庭的 1/2 线上；唇峰位于两鼻孔外边缘向下垂直延长线上。

脸型：标准的脸型成椭圆形，上宽下窄，长度与宽度适中，外轮廓修长，秀气，无棱角。

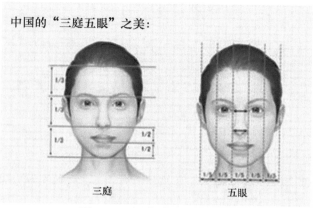

图 1-89　标准脸型"三庭五眼"　　　　图 1-90　眉、眼、鼻的位置关系示意

二、不同脸型的修饰

脸型一般可归纳总结为六种：蛋形脸、圆形脸、方形脸、长形脸、三角形脸、菱形脸（如图 1-91、图 1-92 所示）。脸型和容貌的关系十分密切，脸型美，化妆效果就相对完美。漂亮脸蛋不可能人人拥有，这就需要通过立体打底来修饰脸型，使之接近完美的比例。下面就让我们来认识一下不同脸型及修饰方法。

图 1-91　标准脸型示例

不够完美的脸型

国字脸　　三角脸　　椭圆脸　　长方脸　　大饼脸　　菱形脸　　包子脸　　冬瓜脸　　鞋拔脸

图 1-92　不完美脸型示例

1. 圆脸型的修饰

特征：圆形脸面颊圆润，脸型短，面部骨骼肌肉不明显，脂肪层较厚，脸的长度与宽度的比例小于 4∶3。圆形脸又称娃娃脸，给人活泼、可爱、有朝气、年轻的感觉，但是缺乏成熟感，如图 1-93 所示。

图 1-93　圆形脸示例

矫正方法：

（1）脸型修饰：用暗影色在两颊及下颌角等部位晕染，削弱脸的宽度，提亮"T"区，增强中庭的长度，收敛脸的宽度，下颌尖提亮，加长脸的长度和增强脸部立体感。

（2）眉的修饰：眉毛适宜画得微吊，眉头压低，使眉梢挑起上扬而有棱角，眉尾略扬，修饰圆形脸之缺憾。

（3）眼部修饰：在外眼角处加宽加长眼线，使眼形拉长。

（4）鼻部修饰：拉长鼻形，高光色从额骨延长至鼻尖，必要时可加鼻影，由眉头延长至鼻尖两侧，增强鼻部立体感。

（5）腮红：由颊骨向内斜下方晕染，强调颧弓下陷，拉长脸的长度，增强面部立体感。

（6）唇部修饰：唇峰稍有棱角，下唇底部轮廓略平直，唇形不宜过厚，削弱面部圆润感。

（7）发型：以中偏分为主，将头顶设计成尖高的形状，不宜做卷类手法。

2. 长脸型的修饰

特征：面颊消瘦，骨架明显，面部肌肉不够丰满，三庭过长，大于4∶3的面部比例，这种脸型缺乏灵气，并有忧郁感，给人以古板生硬之感，如图1-94所示。

图1-94　长脸型示例

矫正方法：

（1）脸型修饰：用高光色提亮眉骨、颧骨上方，鼻上高光色加宽但不延长，增强面部立体感，使面部的两侧拓宽。暗影色用在前额发际线边缘和下颌骨边缘，斜横向晕染涂阴影色。这样在视觉上可使脸型缩短一些。

（2)眉的修饰:眉峰平和,不宜过细,眉峰略向后移,眉梢拉长,这样可拉宽缩短脸型。

（3）眼部修饰：加深眼窝，内眼角眼线细，外眼角眼线略宽，并略向外延。眼影向外眼角晕染，拉长加宽眼线，使眼部妆面立体、眼睛大而有神，视觉上忽略脸部长度。

（4）鼻部修饰：将亮色涂于鼻梁中部，面积宽而短，收敛鼻子长度，不宜加鼻影。鼻梁两侧的阴影色从眼角旁向下晕染不过鼻翼，阴影色面积要窄而短。但上下晕染要短，要使鼻梁显宽。

（5）腮红：涂于颧骨外侧，应在颧骨向下的位置，横斜向晕染到鬓发边缘。

（6）唇部修饰：唇形饱满，唇峰的勾画略向外，唇底部勾画略宽一些。

（7）发型：可留刘海，头顶不宜蓬松，可用卷类手法如樱花浪。

3. 方脸型的修饰

特征：脸的长度和宽度相近，两个上额角和下颌角较宽，角度转折明显，面部呈方形，结构突出，这种脸型的女性缺乏柔美感，给人坚毅、刚强的感觉，显得男性化，如图 1-95 所示。

 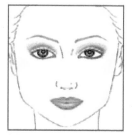

图 1-95 方脸型示例

矫正方法：

（1）脸型修饰：用高光色提亮"T"字部，增强中庭的长度，下颌尖提亮，增加脸的长度。暗影色用于两额角和下颌角两侧，使面部看起来圆润柔和。

（2）眉的修饰：眉峰略向前移，修掉眉峰棱角，使眉毛线条柔和圆润，呈拱形，眉尾不宜拉长。

（3）眼部修饰：强调眼线圆滑流畅，拉长眼尾并微微上挑，增强眼部妩媚感。

（4）腮红：从颧骨斜刷至眉梢，腮红略带狭长形，可以修饰方形脸角度的缺憾。

（5）唇部修饰：强调唇形圆润感，可用粉底盖住唇峰，重新勾画。

（6）发型：可借助刘海和发带遮盖额头棱角，以带波纹的中长发为主，顶部蓬松。

4. 菱形脸型的修饰

特征：额骨两侧过窄，颧骨较宽且突出，下颌尖而长，给人以敏锐之感，缺少亲和力，如图 1-96 所示。

图 1-96 菱形脸型示例

矫正方法：

（1）脸型修饰：两额角与下颌骨部位涂亮色，使其展宽，颧弓下陷部位涂亮色，使其显高。颧骨的颧结节涂深色粉底收敛，下颏涂暗影色收敛。

（2）鼻部修饰：涂于鼻梁两侧的鼻侧影晕染宽一些，使鼻梁显细，鼻梁上的两色也相应晕染得细窄一些。

（3）腮红：可成半月状，涂于颧骨下侧，斜向晕染，增加面积感和光感。

（4）眉的修饰：眉形宜平，眉峰略向后移，眉梢向外拉长。

（5）眼部修饰：上眼尾的眼线略拉长，内眼角眼线细，外眼角眼线粗，上眼线描画粗一些，下眼线描画要细浅。

（6）唇部修饰：勾画唇轮廓线时，唇峰要圆润，唇的底部轮廓略平直，呈船底形。

（7）发型：头顶稍蓬松，颧骨两侧可用头发遮掩。

5. 正三角脸型的修饰

特点：额的两侧窄小，而两腮肥大，使脸的下半部宽而平，这种脸型有一种下坠感。也称梨形脸，给人感觉富态，柔和平缓，使人产生迟钝，不灵活的印象，如图 1-97 所示。

图 1-97　正三角脸型示例

矫正方法：

（1）脸型修饰：可于化妆前开发际，除去一些发际边缘的毛发，使额头变宽，用高光色提亮额头眉骨、颧骨上方、太阳穴、鼻梁等处，使额角展宽，下颏突出有立体感。用暗影色修饰两腮和下颌骨突出部位，收缩脸下半部的体积感。阴影色、亮色涂于两上额角和下颏部位。

（2）眉的修饰：眉峰适当靠后些，使眉距稍宽，眉不宜挑，眉形平缓拉长。

（3）眼部修饰：眼尾眼线拉长，下眼线描画要细。眼影向外眼角晕染，眼线拉长，略上挑，使眼部妆面突出。

（4）鼻部修饰：鼻根不宜过窄。

（5）腮红：由鬓角向鼻翼方向斜扫。

（6）唇部修饰：唇峰和下唇底的轮廓以圆润为主。口红颜色宜淡雅自然，让视觉忽略脸的下半部。

（7）发型：头顶蓬松，发梢向内收。

6. 倒三角脸型的修饰

特点：上额两侧较宽，下颌较窄，又称"瓜子脸"，这种脸型缺少丰润感，给人留下薄弱感，如图 1-98 所示。

图 1-98　倒三角脸型示例

矫正方法：

（1）脸型修饰：用高光色提亮提高下颌底部，面积可稍大些，下眼睑高光可靠外，纵向晕染或按三庭比例晕染，使两颊看起来丰满一些。用暗影色晕染前额两侧，使脸的上半部收缩一些，注意粉底自然过渡。

（2）眉的修饰：眉形应圆润微挑，不宜有棱角，眉峰可略向前移，不宜过粗过长。

（3）眼部修饰：眼轮廓线描画得弧度大一些，眼尾不宜拉长，下眼线描画粗一些。眼影晕染重点在内眼角上，眼线不宜拉长。

（4）鼻部修饰：将涂于鼻梁两侧的阴影色向下晕开，涂于鼻梁上的亮色晕染到鼻尖，使鼻形显得向下。

（5）腮红：宜用淡色腮红横向晕染，增强脸部丰润感。

（6）唇部修饰：偏小圆润，下唇底部稍平。

（7）发型：头顶不宜蓬松，下半部头发可尽量蓬松。

三、不同额头和下颌的修饰

从上述各种脸型的矫正手段中可以知道，在脸部型体塑造中对于面部轮廓起主导作用的有两大因素，即额头的矫正和下颌的矫正，我们必须掌握相关的矫正手法。

1. 额头的修饰方法

额位于面部最上端，与发际线连接，额的美感表现为圆润、饱满，上下宽度是面部长度的1/3，额的修饰可以通过光影色彩、发帘遮盖和开发际等不同的方法完成。常见的额有以下几种：扁平的额、后倾的额、中部凸起的额、宽额和窄额等。

扁平的额：额头没有弧度，缺少圆润感呈平直状。修饰方法：额头上涂浅亮的粉底，额两侧涂深色粉底，发际边缘涂刷轮廓红。

后倾的额：眉骨凸起而额头向后倾。修饰方法：眉骨部位用阴影色收敛，额中部用亮色突出，额上边缘发际涂刷轮廓红，并借助于稀薄的发帘点缀。

中部凸起的额：额中部弧度明显，两侧狭窄，使脸型显得尖。修饰方法：额两侧用浅亮的粉底，额中部深色粉底，两侧头发宜蓬松，使两侧加宽。

宽额：额的宽度大于面部长度的1/3时，额显得很宽。修饰方法：额的上边用阴影色收敛使其显窄，发际边缘的轮廓向下延，并借助于发帘或发带遮盖。

窄额：额的宽度小于面部长度的1/3时，额显得过窄。修饰方法：除去一些发际边缘的毛发，使额显宽。这种方法称为开发际。

2. 下颌的修饰方法

下颌的塑造，要依据具体的脸型，调整好下颌沟的位置。由于每个人下颌的不同，所以要根据不同的颌形来进行化妆。

方下颏：下颌骨角度转折明显，颌结节大而突出，下颏较平，使脸的下半部为方形，缺少女性的柔和感。修饰方法：在下颌骨的颌结节处涂阴影色，下颏上涂亮色和少许胭脂，使下颏圆润饱满而突出，下颌骨收敛。

下颏过尖过长：下颏过于长，下颌骨窄小，颌结节不明显，脸的下半部显长。修饰方法：将阴影色或深色粉底涂于下颏部位，两腮部涂亮色到耳根，并在腮部的亮色边缘加少许轮廓红，使下颏的长度得到收敛，两腮显得圆润饱满。

下颏短：下颏与下颌骨呈平行状，使脸型显宽显短。修饰方法：将亮色涂于下颏部位，使其显得面积向下大一些，两腮部略用阴影色收敛，同时面部的其他部位也适当收敛。

颏沟过深：下颏向前探，使人显得不够沉稳。修饰方法：颌结节部位涂阴影色或深色粉底收敛，颏沟部位涂略浅的粉底，使颏沟显得浅一些。

平下颏：下颏后倾与唇之间没有颏沟，面部显得平淡，缺少层次感。修饰方法：将亮色涂于下颏的颌结节部位，使下颏突出。下颏与唇之间涂略深的阴影色晕染，使下颏与唇之间显出凹凸结构。

四、不同眉形的修饰

1. 眉形的塑造

眉毛的美化在化妆中占有重要的地位，眉形的塑造对眼睛的修饰、映衬起着突出的作用。不同的眉形可以体现出不同的性格特点。因此眉形的塑造对于容貌是非常重要的，如图 1-99 所示。

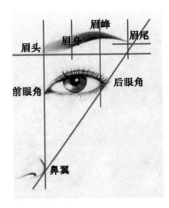

眉毛的生理特征：眉峰至眉尾的毛发细而稀疏，眉峰至眉身的毛发较粗而密，因此造成眉毛的稀疏状态为两头淡，中间浓，画眉时一定要根据眉毛的浓淡变化规律描画，这样才能使眉毛看起来真实自然。

标准眉的位置：两眉头之间约为一只眼睛的距离，眉头的位置在鼻翼至内眼角垂直向上的延长线上，眉尾在鼻翼、外眼角斜向上延长线上（在纸上眉长 4.5～5.5cm）。

图 1-99　眉型塑造

2. 眉形的分类

女士眉形如图 1-100 所示。

（1）标准眉（1/3 眉）：

① 眉头、眉尾基本保持在同一水平线上。

② 眉峰位于眉尾至眉头的 1/3 处，高 1cm 左右。

③ 眉形流畅圆润无棱角，适合各种脸型。

（2）高挑眉（1/3 眉）：

① 眉头、眉尾基本保持在同一水平线上。

② 眉峰明显，位于 1/3 处，高 1.5cm 左右。

③ 可以拉长脸型，适合圆形或田字脸。

（3）斜眉（1/3 眉）：

① 眉尾明显高于眉头。

② 眉峰不明显，位于 1/3 处，高 1.5cm 左右。

（4）平眉（1/3 眉）：

① 眉头与眉尾基本保持在同一水平线上。

图 1-100　眉形分类示例

② 眉峰不明显，位于 1/3 处，高 0.5cm 左右。

③ 粗平的眉形，缩短脸型，适合国字脸。

（5）拱形眉（1/2 眉）：

① 眉头、眉尾基本保持在同一水平线上。

② 眉峰位于 1/2 处，高 1.5cm 左右。

③ 显得年轻可爱，适合甲字脸、田字脸。

（6）欧式眉（1/4 眉）：

① 眉头、眉尾基本保持在同一水平线上。

② 眉峰位于 1/4 处，高约 2cm 左右。

③ 细而挑，适合圆形脸。

（7）飞燕眉（1/3 眉）：除尾部成自然弧度上翘，飘起部分不同，其他都与标准眉相似。

男士眉如下：

（1）剑眉：眉头与眉峰宽度基本相同，方棱感强。

（2）刀眉：眉峰明显比眉头宽，眉尾过渡圆滑。

3. 修眉的步骤

（1）工具：

① 眉刀：快捷方便，但边缘线不够自然，生长较快。

② 镊：边缘清晰，自然，生长较慢，但易使皮肤松弛。

③ 剪：修剪过长的眉毛，使眉毛显得整齐。

④ 梳：梳理眉毛，使其整齐。

（2）步骤：

① 观察模特自身条件设计理想眉形。

② 用眉刀修饰时，刀片与皮肤之间角度要小于 45 度角，一手拿刀，一手支撑眉毛周边皮肤，使皮肤平整（如图 1-101 所示）。剃眉时是逆着毛发的生长方向。用眉镊修饰时，一手支撑眉毛周围皮肤，一手拿镊子，顺着毛发生长方向迅速拔起。

图 1-101　使用眉刀修眉

③ 眉梳梳理整齐，再用眉剪修剪过长毛发。

4. 画眉步骤

（1）工具：

眉笔：表现力强，方便快捷，边缘线清晰，但不自然、呆板。

眉扫＋眉影粉：眉形自然柔和，但边缘线模糊，朦胧感强。

（2）步骤（如图 1-102 所示）：

① 从眉身或眉峰起笔，用眉扫画出眉形的大体轮廓。

图 1-102　画眉示例

② 用眉扫晕染层次，并配合眉笔上色。

③ 最后用眉笔描画眉形边缘，使眉形更加清晰，并用眉笔加深眉峰位置增加立体感。

④ 用粉底修饰眉毛下边缘部分，使其显得更清晰。

⑤ 用眉梳梳理眉毛，使其显得自然，立体。

5. 各种眉形的矫正（多减少补，注意对称）

现实中的眉形并不都是理想的标准眉形，而是存在着许多的缺陷，大大影响了面部的美观，因此要进行修正。常见的眉形有以下几种：向心眉、离心眉、吊眉、垂眉、杂乱粗宽的眉及细而浅淡的眉等。

（1）向心眉。

特点：两眉头之间的距离过近，间距小于一只眼睛的长度，使人看起来显得紧张、不愉快和五官紧凑不舒展。

矫正法：将两眉之间过近的眉毛拔掉，但不能留下过多的人工痕迹，然后将眉峰略向后移，眉梢向外拉长一些，描画时延长眉毛的长度。

（2）离心眉。

特点：两眉头之间的距离过远，两眉之间大于一只眼睛的距离，面部舒展、温和，使人显得和气但迟钝，五官分散。

矫正法：主要利用描画的方法在眉头前用尖细的眉笔，顺眉毛的长势一根根描画，将眉头移至内眼角上方，将两眉距离拉近，眉峰略向前移，眉梢不宜拉长。描画时注意眉毛的生长规律，与眉体本身衔接自然。

（3）上斜眉。

特点：眉头低于眉尾，眉毛上扬，使人显得喜气精明，给人严厉、精明的印象。

矫正法：先采用修剪方法，可适当修掉眉头的下方和眉尾、眉峰上方的眉毛，然后利用描画的方法，画眉头上方、眉尾下方。

（4）下吊眉。

特点：又称八字眉，眉头高于眉尾，使人显得亲切慈祥，但也有忧郁和愁苦的感觉，给人不精神、忧郁的印象。

矫正法：修眉时除去眉头上方的眉毛和眉梢下面的眉毛，使眉头与眉梢接近同一水平。然后利用描画的方法将眉头压低，眉梢往上描画。

（5）杂乱粗宽的眉。

特点：眉毛较密，颜色黑而深，成片生长没有规律，使人显得不够干净整齐，过于随便。

矫正法：根据脸型和眉与眼睛的间距，描画出基本眉形，将多余的眉毛拔除，保留自然的眉体。用眉刷蘸少量化妆胶水，涂于杂乱的眉毛上，稍干后用眉梳顺着眉毛生长方向理顺，使眉毛自然服帖。

（6）细而浅淡的眉。

特点：细浅的眉使人显得清秀，但过细则使人显得小气，过浅则缺少生气，尤其是大脸盘的人显得不协调。

矫正法：根据脸型调整眉毛弧度，强调眉峰，按眉毛自然生长方向一根根描画，将眉形加宽，眉峰颜色加浓，眉梢略微浅淡。

（7）眉形残缺。

特点：由于疤痕或眉毛生长不完整，使眉毛的某一段出现残缺的现象。

矫正法：先用眉笔在残缺处描画，然后再对整条眉进行描画。

五、不同唇形的修饰

1. 唇形的塑造

嘴唇和眼睛一样，都是脸部表现美感的重要部位。嘴唇不仅颜色鲜艳，而且是面部最活跃的部位。唇形的勾画，唇红色彩的应用，对整个化妆起着很重要的作用。从一个女性的唇色、唇形中能看出她的气质、个性品位和审美情趣；唇也是能充分展示女性内心世界的外部窗口。通过对唇的修饰，不仅能增加面部的色彩，而且还能有效地调整肤色、调整三庭比例。

生理结构：唇由上唇和下唇两部分组成，上唇和下唇合闭时的一条缝隙称唇裂。上唇中部突起的部位称唇峰，两峰之间最低的部位称唇中或唇谷，唇的最两端称唇角。由于唇部的表皮为透明的黏膜组织，红色是唇部毛细血管血液的颜色，因此，唇现红色，如图1-103所示。

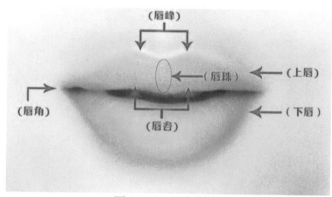

图 1-103　唇部结构

标准唇的位置：两唇角位于双眼平视前方时，瞳孔内边缘向下垂直延长线与下庭的1/3 线交叉处；下唇底线位于下庭的 1/2 线处；唇峰位于两鼻孔外边缘向下的垂直线上；唇谷位于鼻尖正中向下的垂直线上，上下唇的厚度比例约为 1：1.5 或 0.7：1.2。整个唇的厚度约等于唇总长的 1/2。

2. 唇形的分类

（1）标准唇（1/3 唇）：

① 唇峰位于唇中线至唇角的 1/3 处。

② 属于大众化的唇形，给人亲切、自然之味，有职业、严肃之风、多用于生活妆、新娘妆。

（2）花瓣唇（1/2 唇）：

① 唇峰位于唇中线至唇角的 1/2 处。

② 给人以丰满、圆润的视觉效果，显得女性热情、大方、性感，多用于新娘妆、晚宴妆。

（3）欧式唇（2/3唇）：

①唇峰位于唇中线至唇角的2/3处。

②给人以成熟性感，妩媚妖艳的视觉效果，现多用于影视、舞台等妆型。

（4）菱形唇（1/4唇）：

①唇峰位于唇中线至唇角的1/4处。

②唇峰方棱显得严肃、冷艳、有个性，多用于T台、广告等妆型。

3. 画唇的步骤

（1）根据模特自身条件设计理想的唇形。

（2）用粉底遮盖原唇形并定妆，然后用唇线笔确定唇峰、唇谷、下唇底部的位置，再连接各点，勾画出唇形轮廓。

（3）用主色唇膏涂满全唇，颜色要与唇线衔接为一体。

（4）用浅亮的唇膏进行三点提亮（两唇峰与下唇中央部分）。

（5）用透明唇油滋润全唇。

（6）用修改笔修饰唇形边缘，如图1-104所示。

图1-104　用修改笔修饰唇形

4. 各种唇形的矫正（多减少补，注意对称）

（1）唇形过大。

特点：嘴唇过大向两侧延伸，使下颌显小，给人厚实、笨拙、憨厚印象。

矫正方法：先用遮盖霜涂于唇边缘，遮盖住原唇形，用蜜粉固定。然后在原唇形的基础上，稍加缩小，范围不宜过大，易失真，还要考虑到模特的脸型，唇部色彩可选择中性色或深色，唇的边缘线要流畅、清晰。

（2）唇形过小。

特点：嘴唇的外形过于短小，下颌显大，使人有小气、琐碎的感觉，给人口齿伶俐的印象。

矫正方法：画轮廓线时，将原唇形微微向外延伸，在原有的上下唇线外侧勾画唇线，使唇变宽变厚。但不能扩充太大，否则不自然，显得不真实。唇部色彩可选取偏暖色系的颜色，如粉红、浅橙色等，要强调颜色的饱和度。

（3）唇形过薄。

特点：上唇与下唇的宽度过于单薄，面部缺乏立体感，使人显得不够大方，缺少女性丰满、圆润的曲线美。

矫正方法：选用较深于口红颜色的唇线笔，在原唇形外缘进行描画，将轮廓线向外扩展，上唇的唇峰可描画得圆润些，下唇增厚，唇色可选用深色的口红沿唇线边缘向里晕染，应注意与唇线的衔接，唇膏应选用偏暖的色彩，唇中部可用浅色珠光口红或唇彩提亮，使嘴唇丰润。

（4）唇形过厚。

特点：唇形有体积感，显得性感饱满，但厚重的唇使女性缺少秀美的感觉。有的人是上唇过厚，有的人是下唇过厚或上下唇均过厚。

矫正方法：先用遮盖霜涂于嘴唇边缘，并用蜜粉固定。用深色唇线笔沿唇角勾画，保持唇形本身的长度，将其厚度轮廓向内侧勾画。唇膏宜选用偏冷的深色，使厚唇得到收敛。唇色不能选用珠光色。

（5）嘴角下垂。

特点：嘴角下垂使人显得不够开朗、无精打采。

矫正方法：用遮盖霜涂于唇轮廓周围，尤其是唇角部位，用亮光色提亮下唇处，然后用唇线笔将下唇唇线略向上方拉起，唇角位置适当提高，上唇唇线的唇峰与唇谷的位置也可略微降低，唇中部的唇膏色比唇角略浅一些，突出唇的中部。

（6）鼓凸唇。

特点：嘴唇过于突出有向外翻的感觉，易形成撅嘴。

矫正方法：唇色不宜用深色，可以处理得模糊些，唇角也不宜选用鲜艳或珠光色唇膏。口红宜选用中性色，如砖红、偏紫色；也可强调其他五官修饰，淡化唇的修饰，转移人们对唇的关注。

（7）嘴唇平直。

特点：唇峰及唇部曲线不明显，使面部缺乏表情，不够立体。

矫正方法：用唇线笔勾画出上唇的唇峰，再将下唇描画成船形，然后填入口红，可依喜好选择。

注意事项：

（1）唇线色要与口红色调一致或唇线色略深于口红色。

（2）唇线的线条要清晰、流畅，唇线越明显，唇形越清晰，则人越成熟。

（3）唇角颜色深于唇中部，且唇角上翘显得人微笑。

（4）唇珠要明显，唇肌要丰满，充分体现整个唇部的立体感。

（5）唇的大小要与面部相协调，左右要对称。

六、不同眼形的修饰

1. 眼形的塑造

眼睛是最能表达感情的器官，也是面部容貌的审美核心。在化妆中，眼睛是修饰感最强，变化最大的部位，眼睛描画是否成功将直接影响到整体化妆的成败。眼睛的修饰主要由眼影的晕染、眼线的描画、睫毛的修饰、美目贴的运用四个部分组成。

眼部的生理结构：眼睛是人的视觉器官，眼的外部有上眼睑和下眼睑两部分（如图1-105所示）。上眼睑的皮肤在睁眼时形成一条褶皱，这条褶皱被称为重睑或双眼褶；

没有者称"单眼皮"。上下眼睑相连形成两个角，内侧角圆钝，称内眼角；外侧角呈锐角，称外眼角。上下眼睑上生长的毛发分别称为上睫毛或下睫毛。上下眼睑合并时，形成的缝隙称眼裂。

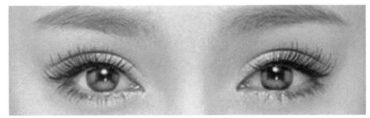

图 1-105　眼睛

2. 眼影晕染法

（1）基本式：将单色眼影均匀地涂抹在眼睑上，为了提升眼妆的层次感，让双眼更具神采，眼睫毛根部的眼影可描画得更浓一些，色彩略深一些，然后逐渐向上减淡色彩，消失于睁开眼睛时。小面积晕染睫毛根部的眼影可让整体眼妆的色彩过渡自然。眉骨处的亮色处理可以提升双眼皮的立体感，同时与上眼影形成衔接，如图 1-106 所示。

图 1-106　单色眼影

（2）渐层法：主要以眼影层层叠加的手法，增加睫毛根部或所想要加深部位的颜色。颜色运用多以同类色叠加为主。

用渐层法画出来的眼影层次过渡明显，在色彩的表达上也比较丰富。这种画法能够起到消除眼皮水肿感，拉宽眉眼间距的作用。

选用渐层法画眼影，应先选用浅色眼影，用平涂的手法将其平铺于整个眼睑，使色彩均匀自然。然后选用深色眼影从睫毛根部开始以三等分的方式描画眼影，即将眼线到眼窝的部分划分为三等分，最靠近眼线处的眼影色最深，逐渐向上颜色减淡。注意各层级色彩之间不能有明显的分界线，色彩过渡要自然。如果在描画眼影的过程中需要加深眼影色，同样要用三等分的方式描画眼影，但各等分处眼影描画的面积由浅到深逐渐缩小。一般在用渐层晕染法画眼影时，眼影色不宜超过三种颜色，如图 1-107 所示。

图 1-107　渐层式眼影

（3）段式法：此种眼影画法可表现出跳跃的颜色、明快的节奏，与渐层法相比更丰富一些。段式眼影的画法因描画眼影时分段着色而得名，可分为两段式和三段式两种。两段式眼影的画法及着色原则：后段眼影颜色较深，前段眼影较浅；三段式眼影原则是：前、后段眼影较深，中段最浅。以段式法表现眼影时若均匀使用高明度的色彩，可令眼神清澈明亮，若前后色彩对比强，会突出华丽的妆容效果，如图 1-108 所示。

图 1-108　段式眼影

（4）烟熏式：面积大，成鹅蛋形、橄榄状，颜色分底色（第一层色）、主色（第二层色），底色面积最大，是整个眼影的总面积，主色在底色基础上晕染，面积小于底色，但主色与底色之间颜色过渡要柔和自然，有形无边。

颜色选择：底色尽量选用纯度高的颜色；主色一般为深色系的暗灰型颜色，如黑色、黑灰、灰蓝、深蓝、灰紫、深紫等，如图 1-109 所示。

图 1-109　烟熏眼妆

（5）"倒勾"（基本式）：根据眼窝的凹陷结构而定位，由外眼角向内眼角画出，结构大致成"V"形，俗称"倒勾"。结构线颜色最深，形状还可分"V"圆形，"V"方形，晕染方法分：内晕法、外晕法、内外结合法。晕染时外眼角的结构线最深，逐渐向眼珠上方消失，颜色过渡自然柔和，如图 1-110 所示。

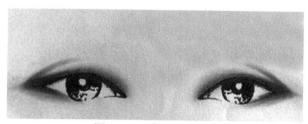

图 1-110　倒勾式眼影

（6）欧式眼影：欧式眼影是舞台化妆中经常使用的眼部化妆形式，欧式眼影有增强双眼的深度及三维效果的作用，常见欧式法可分为两种：其一是影欧、其二是线欧法。影欧常采用较自然的棕色系眼影来表现，只画出双眼的轮廓，让双眼变得较大，较圆一些。线欧画法具有扩大眼形的作用，让人显得成熟、雍容华丽，适宜眉眼间距略远的人。这两种欧式的画法均可以打造出眼窝的深邃感。

欧式眼影的结构线最高点在眼尾至眼头的2/3处，颜色最深，逐渐消失到眼头，结构线外用外晕手法，外眼角最高点颜色较深，只能外晕，结构线以内用亮色，如图1-111所示。

图1-111　欧式眼影

（7）前移法：前移法可将面部表现得立体，鼻梁显得更为高挺。

前移式眼影的画法是将整个眼影的重点放在内眼角的位置，以内眼角为中心，向鼻梁、眼窝、眼尾方向晕染，运用深浅不同的眼影色来表现出层次感。前移式眼影的画法可以起到拉近两眼间距的作用，适合两眼距离偏远的人，如图1-112所示。

图1-112　前移式眼影

（8）后移法：后移法在一些时尚妆中也较常用，后移式眼影的画法主要是用眼影在眼尾的部位顺着眼睛闭眼的弧度向后延伸加以晕染，色彩逐渐变淡消失。其最显著的效果是拉长眼形，并在视觉上拉远两眼之间的距离，适合两眼距离偏近的人，如图1-113所示。

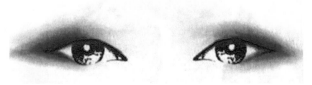

图1-113　后移式眼影

3. 眼线的描画

（1）作用：

① 强调眼睛的轮廓，使眼睛有神采。

② 强调眼睛之间的距离。

③ 增加眼睛的黑白对比度。

（2）标准眼线的画法：由睫毛和生长特征而定。

上眼线：由前向后，由细到粗，前淡后浓，眼尾粗且长，并微微上翘，要有层次感。

下眼线：由外向里，由粗到细，消失于内眼角，颜色浅于上眼线，如图 1-114 所示。

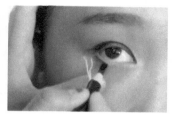

图 1-114 描画眼线

（3）注意事项：

① 描画眼线时线条要整齐干净，描画力度要轻，手要稳。

② 眼线的描画要符合眼形和个性要求，在掌握了技法技巧的基础上要学会灵活运用。

③ 眼线的宽窄色调要与妆型相协调。

4. 睫毛的修饰

（1）夹睫毛：眼睛向斜下 45 度角看，夹内侧睫毛时眼睛斜向外侧，夹外侧时相反，同时一手提拉眼睑，使睫毛向外翻，另外用睫毛夹，从睫毛根部由重到轻，由时间长到时间短，向梢部逐渐夹弯睫毛，形成自然的弧度。

（2）涂睫毛膏：弥补睫毛稀少而短的不足，使睫毛显得浓密且长，使眼睛明亮有神。涂睫毛时可先由上向下，再由根部向上晕染，用"Z"字晕染法。

（3）贴假睫毛的方法：

① 根据模特眼睛长短修形。

② 将专用睫毛胶涂于假睫毛根部稍微偏上部位。

③ 将涂过胶水的假睫毛两端向中间弯曲，弧度与眼球弧度相近，便于粘贴。

④ 待胶水稍干后，用镊子夹住假睫毛，将睫毛紧贴在自身睫毛根部的皮肤上，再由中间至两侧按压贴实。

（4）简单分类：

① 线制睫毛，不可拉直。

② 胶制睫毛，不可扭曲。

5. 美目贴的运用

（1）作用：

① 单眼皮可化妆成双眼皮。

② 矫正过于下垂的眼皮。

③ 矫正两眼的大小，使其一样。

④ 使双眼有扩大的感觉。

（2）制作方法：

美目贴：塑胶制品，自身有黏性，应在打底之前贴好，根据眼形的长度，剪成月牙形，两头不可过尖，应剪成圆角，以免刺伤眼睛，用镊子夹住贴在适当的位置，如图 1-115 所示。

深丝纱：需要配合酒精胶使用，容易上色不反光，自然效果好，多用于影视化妆。使用方法：在涂完眼影后使用，与美目贴操作方法一样，贴完后使用定妆粉定妆，避免黏合在一起。

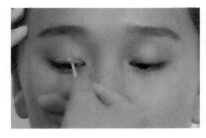

图 1-115　粘贴美目贴

6. 不同眼形的修饰

（1）上吊眼。

特点：眼头较低，眼尾上扬，吊眼角的人显得机敏、年轻有活力。给人机敏，高傲严厉的印象。

矫正方法：上眼睑重点在眼头，眼线、眼影范围稍大，可选用温和、有扩张感的颜色；外眼角可用收缩色，暗色系颜色，范围不宜过大。下眼睑重点在外眼角，眼线可向下拉。

（2）下垂形眼睛。

特点：内眼角高于外眼角，使人显得沉稳、成熟、和气，同时也给人忧郁、冷漠、软弱、不精神，病态的印象。

矫正方法：上眼睑重点在外眼角的上方，眼线加粗上翘，并高于眼尾轮廓。内眼角用深色眼影收敛，面积要小而低，外眼角用强调色向上晕染。内眼角上眼线细，下眼线可略粗，眼影范围要小，以冷色、收缩色为主，还可以贴美目贴调整下垂眼睑。若眼皮较松，可采取粘贴法，将"美目贴"剪成眼睛长度一半呈月牙形的细条，贴于外眼角，使下垂的眼角略往上提。还可采用粘贴假睫毛的方法进行修正，将假睫毛贴在眼尾处，离开自己的睫毛约 2 毫米，再用睫毛液将原有的睫毛与假睫毛粘贴在一起，可以在视觉上起到提高眼角的作用。

（3）肿眼睛。

特点：上眼皮的脂肪层较厚或眼皮内含水分较多，使眼球露出体表的弧度不明显，人显得水肿松懈没有精神，给人憨厚、笨重的感觉。

矫正方法：采用水平晕染，用深色眼影从睫毛根部向上晕染，用渐变的手法，从睫毛根部向上晕染，也可用倒勾、大立体、小立体的手法修饰，提高眉弓骨和丁字部位，一深一浅反差大了，就自然下陷了；肿眼泡的人尽量不使用红色系眼影。上眼线的内外眼角略宽，眼尾高于眼睛轮廓，眼睛中部的眼线要细而直，尽量减少弧度；下眼线的眼尾略粗，内眼角略细。

（4）凹陷眼。

特点：给人立体、严谨感，但也有憔悴、阴沉的感觉。

矫正方法：在凹陷的眼睑上抹浅色或亮色眼影；在眉弓骨上抹深色眼影或少许暗影。

（5）小眼睛。

特点：眼裂过小，眼睛缺乏神采和应有的魅力，给人温和，但缺乏神采的印象。

矫正方法：粘贴双眼皮，眼线加长加粗，眼影范围加大，深色眼影从上眼睑边缘开始涂抹，向上逐渐减淡，下眼睑涂浅色眼影；上眼线用深色描画，适当画宽边缘线，外眼角可向外延长。下眼线用浅色描画，外眼角画成水平线，不要与上眼线相连。

（6）大眼睛。

特点：给人空洞、恐怖、华丽、明亮、一本正经的感觉。

矫正方法：眼线要细，眼影面积小，色彩柔和、不要太深，多选用粉色、肉粉色等。

（7）向心眼。

特点：两眼间的距离过近，小于一只眼睛的长度，使五官显得紧凑，人显得紧张、计较、不愉快、不舒展。

矫正方法：内眼角用浅色眼影晕染，外眼角用强调色向外晕染，将眼影向外拉长。眼线适当拉长，可不画眼头。上眼线内眼角描画要细浅，眼尾要加宽拉长。下眼线眼尾要强调，从外眼角向内描画到 2/3 或 1/2 处，内眼角不描画；从眼睛中部向眼尾睫毛的涂染要厚，内眼角的睫毛不涂染或薄涂。

（8）离心眼。

特点：两眼间距离过远，宽于一只眼睛的长度，五官显得分散，人显得无精打采，松懈迟钝。

矫正方法：内眼角用深色眼影收敛，强调色用于接近内眼角的部位，外眼角的眼影不宜向外拉长；上眼线的内眼角略粗，外眼角不向外延；下眼线的内眼角描画到眼角，眼尾不可太长。内眼角的睫毛涂染要厚，外眼角睫毛涂染略薄。

（9）圆眼睛。

特点：内外眼角之间距离小，眼睛弧度大，使人显得机灵活泼，但也有不成熟，幼稚缺少沉稳感。

矫正方法：强调色用于上眼皮的内外眼角，眼尾眼影色向外晕染，眼中部用阴影色收敛，忌用亮色，眉骨部位用亮色，下眼睑的眼尾用强调色向外晕染。上眼线的内眼角略宽，中间要细，外眼角拉长，加宽并上扬；下眼线的外眼角略宽，描画到外眼角向内的 1/2 部位。

（10）细眼睛。

特点：眼睛细长，总有眯眼的感觉，使人显得温和细腻，但欠生动活泼。

矫正方法：宜用偏暖色眼影强调，采用水平晕染方法，上眼睑的眼影由离眼睑边缘 2毫米部位向上晕染，下眼睑眼影从睫毛外侧向下晕染略宽一些；上眼睑部位用白色眼线笔描画，再用黑色眼线笔在睫毛外侧描画宽一些，上眼线中间向上加粗，下眼线画出弧度。

（11）单眼皮。

特点：上眼睑没有皱褶，眼睑平坦，缺乏层次感。

矫正方法：用深色眼影在上眼线上方约 5 毫米左右涂入，逐渐向上晕染成自然弯曲状。在画出的双眼皮中涂上亮色眼影；在上眼睑的边缘画上略粗的深色眼线，涂满整个眼睑；在下眼睑的边缘画上略粗的浅色眼线，涂满外侧眼睑的 1/2 即可。

（12）眼袋突出。

特点：眼袋突出的人下眼睑下垂，脂肪堆积，使人年龄感上升，缺少生气。

矫正方法：眼影色宜柔和浅淡，不宜过分强调，一般应选用咖啡色和米色；上眼线的内眼角略细，眼尾略宽；下眼线的内眼角描画略宽并向下画，眼睛中部宜平直，忌描画成弧形。

（13）宽眼睑。

特点：眼睑过宽，使黑眼球比例变小，常使人显得眼大无神，反而没有精神，缺少灵气。

矫正方法：用深色眼影贴近睫毛根部向外晕染，眉骨下方用亮色；上眼线沿睫毛根部描画，线条要细，下眼线描画在睫毛根内侧的眼睑上。

七、不同鼻形的修饰

1. 鼻形的塑造

鼻子的修饰主要是指鼻侧影和高光，提亮的外长饰，鼻子的化妆常常在基础打底和眼部的修饰中进行，严格说单纯的鼻部修饰是不存在的。由于鼻子位于面部正中，因此也不可忽略对鼻子的化妆。

两眉头之间为鼻根，鼻子最下端中央圆润部位称鼻尖，由鼻根至鼻尖逐渐隆起部分称鼻梁，鼻尖两侧部分称鼻翼。

标准鼻子的位置：鼻子位于面部的最中央部分，长度为面部总长度的1/3，宽度为面部总宽度的1/5。鼻根位于两眉头之间及上中庭的分界线，鼻尖位于中央下庭的分界线，鼻翼与眉头内眼角位于同一垂直线上。

鼻子大小与面部相协调，鼻梁较挺拔，鼻尖较圆润，鼻翼大小相等、对称，这样的鼻子为理想的标准鼻，如图1-116所示。

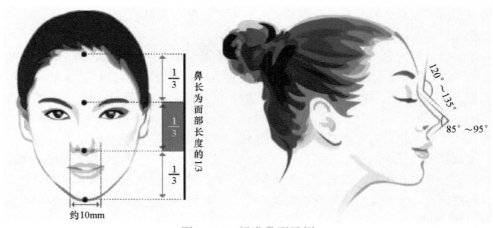

图1-116　标准鼻型示例

2. 修饰鼻子的步骤及方法

（1）打底时可用暗影色，从鼻根外侧开始向下晕染，由深至浅，由宽到窄，然后由鼻尖到鼻梁正中用高光提亮，高光和暗影晕染时都要注意与面部基本底色的衔接，要柔和自然，不能有明显的痕迹及不对称。

（2）化完眉毛或眼影后，用眉头余色或深咖啡色眼影粉，由鼻根外侧向下晕染，最后提亮鼻梁，如图1-117所示。

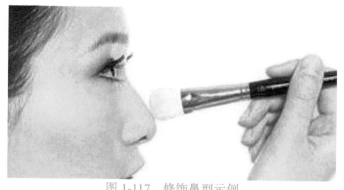

图 1-117　修饰鼻型示例

3. 各种鼻形的矫正

（1）塌鼻梁：缺乏立体感。

矫正方法：从眉头与鼻根相接处，由鼻梁的外侧向鼻尖晕染阴影色；眉头至鼻根处略宽，并向内眼角晕染，与肤色衔接，提亮鼻梁骨。

（2）鼻子过长：鼻子长度长于面部的 1/3，使鼻子显细，中庭偏长，脸型显长。

矫正方法：鼻影不能做整条的修饰，应从鼻梁中部开始修饰，由鼻梁根部开始提亮，不到鼻尖处已逐渐消失，暗影色不与眉头相接。

（3）鼻子过短：显中庭短。

矫正方法：鼻侧影从眉头至鼻根到鼻尖做纵向晕染，提高整个鼻梁或从眉心处开始提亮到鼻尖。

（4）鼻翼过宽：缺乏柔美感。

矫正方法：可加宽鼻侧影，鼻翼也要晕染，提高鼻梁但范围不宜过窄，也可将眉头略向后移，起到综合调整的效果。

（5）鼻梁不正：歪鼻。

矫正方法：提亮鼻梁骨至鼻尖，不能随歪的方向移动，保持垂直，最后应加强歪向一方的鼻翼的阴影色和其相对应一方的鼻根部位。

（6）鹰钩鼻。

矫正方法：在鼻尖根部涂阴影色，提高鼻根部位，也就是凹陷部位。

（7）朝天鼻。

矫正方法：提亮鼻头中央，两鼻孔之间根部涂阴影色，两鼻翼作阴影修饰，空出鼻梁的高度。

4. 注意事项

（1）左右对称。

（2）高光、暗影、肤色之间过渡要柔和自然。

（3）鼻侧影适合浓妆，淡妆慎用。

（4）鼻梁过窄、眼窝过深、两眼间距过近的人不适合鼻侧影。

（5）看准位置，不适合反复涂抹。

八、腮红在脸颊上的矫正

脸颊是流露真情实感的部位，位于面部的左右两侧，因种族、性别、年龄不同而有很大的差异，人们情绪波动时面颊会产生较明显的颜色变化。自古以来面颊的红润就是人们用来衡量美女的标准之一，而化妆师也常用此方法表现女性的神态风韵、健康以及矫正脸型，是化妆师的常用手法。

标准脸颊的位置：面颊位于面部的左右两侧，颊红向上不可超过外眼角的水平线，向下不可超过嘴角的水平线，向内不可超过双眼平视前方时两瞳孔外边缘向下的垂直线，一般可扫在颧骨上，大约成半月状（椭圆形），如图 1-118 所示。

图 1-118　颊红的位置

标准脸型颊红的晕染方法：由发际线为边缘向内，由深至浅晕染，注意颜色要柔和自然，有形无边。

常见颊红的生理位置：

（1）儿童红在脸蛋上。

（2）青年红在颧骨上。

（3）老年人红在鼻翼两侧。

常见几种颊红的位置及感情：

（1）脸蛋上 —— 表现可爱、活泼、清纯、儿童化。

（2）颧骨上（笑时突起的部位） —— 表现年轻女孩活泼、可爱、青春、活力。

（3）颧骨下缘 —— 表现中年女性柔美、端庄、成熟。

（4）颧骨下 —— 表现骨感美，多用于 T 台、晚宴。

胭脂可以用来修整和强调脸的轮廓，这是女性化妆的一个重要步骤。涂颊红的方法、部位和形状不同，都会影响面部轮廓。根据不同的面颊特征，可以选择不同形状的颊红。

颧骨高的面颊，特点是脸部立体感强，富于变化，意志坚强，但看上去冷淡、严厉。修正时沿颧骨下侧加影色，沿颧骨上侧加亮色，当中涂胭脂。

丰满的面颊，特点是脸显得大而俗气，修正时在面颊外侧加纵长阴影，从下眼睑到鬓角加亮色，从面颊当中起，在外侧加纵长状胭脂。

单薄的面颊，特点是清秀文雅，但由于面颊清瘦，显得老而软弱，修正时在面颊中央加亮色，外侧涂胭脂。

突出的面颊，修正时在突出的面颊上涂发暗的胭脂，使面颊显低，在下眼睑凹陷处加亮色。

　　敦厚的面颊，显得可爱，生气勃勃，但肥实，有孩子气。修正时在肉敦敦实实的位置上，用暗色的胭脂从下眼睑到面颊中央加亮色。

　　总之，若脸颊较宽，涂胭脂时，从颧骨附近起笔，斜向外上方轻抹；脸颊较窄，从耳前起笔，水平地向颧骨附近横涂。

牛刀小试：

　　1. 认识不同眼形并能做出合理的矫正修饰。

　　2. 掌握对不同脸型的修饰。

　　3. 独立完成一个妆面。

项目二　盘发基础技能

项目引领

　　化妆离不开盘发，两者是相得益彰的关系。盘发又分为新娘妆盘发、晚宴妆盘发等多个系列，但是无论哪个系列，都是打毛、梳光、包发、打卷、编辫子、固定等基本盘发手法的综合运用（如图2-1所示）。在具体的造型过程中，我们要根据模特不同的气质个性或特有的头型和脸型特点，设计出最适合的发型。

图 2-1　盘发效果图

项目目标

知识目标：
　　1.掌握分区的知识，能根据造型需要灵活分区。
　　2.了解盘发造型的基本手法有哪些。

技能目标：
　　1.能熟练使用各种造型工具进行盘发造型。
　　2.熟练掌握打毛、梳光、包发、打卷、编辫子、固定等基本盘发手法。

任务一　头发分区的认识和确定

任务情景

课堂上，老师经常会提到刘海区、侧发区、顶区、后发区等概念，到底这些区域该如何划分呢？同学们都很纳闷。

任务要求

了解造型分区的位置并能确定分区。

知识准备

一、头发分区的认识

头发分区是做好发型的前提，确定好分区后才能让我们的造型更加接近自己预想的结构。造型时的分发，就是将全部头发按照所设计的发型需要，分配成不同的区域。分发时首先要掌握头部基本发区的位置。认真掌握发区的分布特点及分发的基础技法，再结合希望获得的造型要求加以变化，效果会更加理想。

头顶发旋位置周围的头发，即头部的最高区域，是与其他发区相结合的造型重点区。如图 2-2 所示，在分区的时候一般分为刘海区、顶区和后发区、侧发区。每个区都有自己的作用，而我们并不是做每一个造型都要给头发分出这么多区域，根据想呈现的造型的整体效果巧妙地加以变通才是正确的选择。

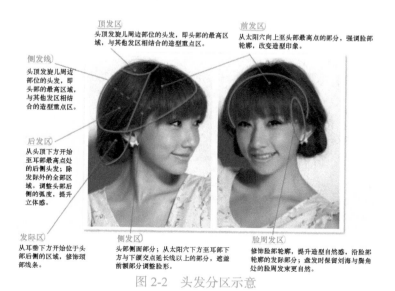

顶发区
头顶发旋儿周边部位的头发，即头部的最高区域，与其他发区相结合的造型重点区。

前发区
从太阳穴向上至头部最高点的部分，强调脸部轮廓，改变造型印象。

侧发线
头顶发旋儿周边部位的头发，即头部的最高区域，与其他发区相结合的造型重点区。

后发区
从头顶下方开始至耳部最高点处的后部头发；除发际外的全部区域。调整头部后侧的弧度，提升立体感。

发际区
从耳垂下方开始位于头部后侧的区域，修饰项部线条。

侧发区
头部侧面部分；从太阳穴下方至耳部下方与下颌交点延长线以上的部分，遮盖前额部分调整脸形。

脸周发区
修饰脸部轮廓，提升造型自然感，沿脸部轮廓的发际部分；盘发时保留刘海与鬓角处的脸周发束更自然。

图 2-2　头发分区示意

（1）刘海区。刘海区的分法比较多样，一般有中分、三七分、二八分等。刘海区主要用来修饰额头部分的缺陷以及配合造型的整体感。刘海区的面积一般呈现三角形或者弧形结构。

（2）侧发区。侧发区一般在耳中线或耳后线，根据需要的发量决定分区的位置。侧发区的头发可以修饰发型的饱满度，也起到修饰脸型的重要作用。

（3）顶区。顶区的头发主要来为造型做支撑以及增加造型的高度等，也起到修饰造型轮廓的作用。顶区一般会分出一个比较流畅的弧形。

（4）后发区。分好之前几个区域的头发，剩下的就是后发区，后发区的头发主要用来修饰枕骨部位的饱满度，也经常用来修饰肩颈部位。

1. 分两个发区

（1）耳前、耳后分区：以两耳最高点与头顶连线为分界线，将头发分成前、后两个发区，如图 2-3 所示。

（2）耳上、耳下分区：以两耳最高点与后发区的连线为分界线，将头发分成前、后两个发区，如图 2-4 所示。

（3）锯齿形分区：以中线为界，将头发分成左、右两个发区。根据造型分成锯齿状或斜线状，如图 2-5 所示。

图 2-3　耳前后分区示意图　　　　图 2-4　耳上下分区示意图　　　　图 2-5　锯齿形分区示意图

2. 分多个发区

（1）分三区：结合造型需要的特殊分发方法，在分区基础上来调整发区的分布，如图 2-6 所示。

（2）分四区：先分出上、下两个发区，再分别分出左、右两个发区，形成四个发区，如图 2-7 所示。

（3）分五区：分出上、下两个发区，再将后下侧头发分成四个发区，共形成五个发区，如图 2-8 所示。

图 2-6　分三区示例　　　　图 2-7　分四区示例　　　　图 2-8　分五区示例

造型小用语：

留出垂发：不将头发完全梳理起来，而是留出脸周的几绺垂落发束，强调自然感。

手指吹风：卷发后不用发梳调整，而用手指拉散头发，整理出蓬松的空气感造型。

散开：将后发区造型部分的发束打理松散一些，使后侧造型从正面也能看见。

斜刘海：将前发区的头发按7:3的比例斜向梳至左侧或右侧，可以修饰脸型。

二、如何确定分区

当非常熟悉了各种固定的分区方法后，就可以不刻意地照搬这些方法，在做造型的时候要根据造型的需求或根据自己所想要达成的造型感觉，灵活地分区去造型。我们除了刚才说过的标准分区之外，根据需求会有所变通。那么要想分区得体，在准备分区之前要清楚几个问题：

（1）造型的主体结构在哪个方位：不是所有的造型都是在一个方位的，造型的位置往往决定了哪个区域的分区要大一些。

（2）造型的分区数量：不是每个造型都要分出很多区域，有些造型两到三个区域就可以完成了。

（3）是不是需要细化分区：有些造型可能需要对划分好的区域再进行局部的、更细致的小分区。

牛刀小试：

你能在纸上画出造型分区的示意图吗？

化妆与盘发

任务二　盘发的常用工具及发饰

任务情景

化妆师小刘在化完妆给顾客盘发的时候，发现顾客的头发有点少，想包发包却做不出理想的效果。

任务要求

请选择一种工具给顾客的头发加工一下，辅助化妆师小刘完成盘发造型。

知识准备

一、常用工具的认识

1. 电吹风

电吹风主要用来为头发做吹干、蓬起、拉直、吹卷等造型，分为冷风、热风、定型风，如图 2-9 所示。

2. 尖尾梳

尖尾梳用来梳理、挑取、打毛头发，是造型中常用的工具，如图 2-10 所示。

3. 排骨梳 / 滚梳

排骨梳 / 滚梳搭配吹风机来处理造型，如图 2-11 所示。

图 2-9　电吹风　　　　图 2-10　尖尾梳　　　　图 2-11　排骨梳（滚梳）

4. 发卡 / 鸭嘴夹 / 鳄鱼夹

发卡用来固定头发，鸭嘴夹、鳄鱼夹用于临时固定以及辅助造型，如图 2-12 所示。

5. 发胶

发胶分为干胶和湿胶，主要用来为头发定型，如图 2-13 所示。

6. 啫喱膏

啫喱膏用来整理发型，使发丝服帖，造型光滑，如图 2-14 所示。

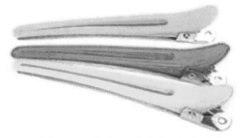
图 2-12　发卡（鸭嘴夹 / 鳄鱼夹）

图 2-13　发胶

图 2-14　啫喱膏

7. 发蜡

发蜡用来为头发抓层次，配合发胶来造型，如图 2-15 所示。

8. 发蜡棒

发蜡棒的作用与啫喱膏类似，只是没有啫喱膏那么亮而反光，色泽比较自然，如图 2-16 所示。

9. 蓬松粉

蓬松粉用于发根位置，使造型更蓬松自然，如图 2-17 所示。

图 2-15　发蜡

图 2-16　发蜡棒

图 2-17　蓬松粉

10. 电夹板

电夹板一般有直板夹、玉米须夹等。直板夹可以将头发拉直或卷弯；玉米须夹可以将头发夹出细小的卷，同时能起到增加发量的效果，如图 2-18 所示。

11. 电卷棒

电卷棒按卷棒粗细分为各种型号，根据发型需要选择合适粗细的电卷棒，卷出不同弯度，如图 2-19 所示。

图 2-18　电夹板　　　　　　　　　　　图 2-19　电卷棒

二、常用发饰

1、欧式宫廷发饰（如图 2-20 所示）

图 2-20　欧式宫廷发饰

2、中式古典发饰（如图 2-21 所示）

图 2-21 中式古典发饰

3、日韩甜美公主发饰（如图 2-22 所示）

化妆与盘发

图 2-22　日韩甜美公主发饰

小贴士

    根据包发需要和顾客的头发情况，可以选择玉米须电夹板这一工具来加工头发。操作过程如下：

    （1）将顾客的头发分区。

    （2）除刘海区头发不烫外，从后到前，再到侧区，将顾客头发烫一遍。

    （3）烫成玉米须后，顾客的头发就膨起来显多了。包发就可包出理想的效果。

牛刀小试：

    同桌两人为一组，选择一种盘发工具，相互做一个发型吧！比一比谁的手艺好！

任务三　盘发的基础造型手法

任务情景

　　完成一个盘发造型，需要几个或多个基础造型手法的综合运用。有的时候是几个基础造型手法的反复运用。

任务要求

　　熟练掌握盘发的基础造型手法，并会综合运用。

知识准备

一、打毛（倒梳）

　　打毛又称倒梳，目的是增加发量以及改变头发走向来满足造型的需求。

　　1. 倒梳方法一

　　（1）提拉起一片发量适中的头发，拉直头发。将尖尾梳插入头发整个长度的1/2或1/3的位置，尖尾梳的梳齿不要全部穿透发片的横截面。

　　（2）向下倒梳头发，在倒梳的时候，提拉头发的那只手不要随倒梳改变提拉力度和位置。

　　（3）倒梳完成，根据需要调整倒梳密度及发尾层次，如图2-23所示。

　　2. 倒梳方法二

　　（1）处理好头发的基本形状，准备开始倒梳。

　　（2）给头发进行倒梳，在倒梳的同时旋转头发的角度。

　　（3）头发的旋转要和尖尾梳倒梳的频率相互配合，如图2-24所示。

图2-23　倒梳方法一

图2-24　倒梳方法二

　　3. 倒梳方法三

　　（1）提拉出一片头发准备倒梳。

　　（2）在倒梳的时候，提拉头发的手跟随倒梳的频率向想造型的方向移动。

（3）倒梳的频率根据需要增加的厚度而增减，注意与提拉头发的手的移动速度配合，如图 2-25 所示。

二、梳光

在我们对头发做了打毛处理之后，头发表面会比较粗糙不美观，就需要我们用梳光的方式来处理头发。

（1）将打毛好的发片放置在手掌之上。

（2）将尖尾梳的梳齿放置于打毛的头发表面，梳齿微斜。

（3）梳光头发的表面，使其光滑，如图 2-26 所示。

图 2-25　倒梳方法三

图 2-26　梳光

三、包发

包发主要针对的是造型后发区的位置，近些年包发的手法在造型中运用的相对较少，但是在包发中的技术点非常多，掌握好包法技巧对做好发型会有很大的帮助，另外现在很多的造型只是在基本包发样式的基础上加以变化，形成了新的表现形式，基本技术点是一样的。

1. 单包

（1）将后发区的头发分好之后进行打毛，然后用发卡在中间位置开始交叉固定，固定的发卡偏向于手扶头发的另一侧，最后一个发卡从上向下进行固定。

（2）以尖尾梳为轴扭转头发，注意发丝要流畅光滑。

（3）抽出尖尾梳，用手临时固定，手按住的位置就是发卡固定的位置。

（4）从上向下将发卡进行固定。

（5）单包完成，如图 2-27 所示。

2. 叠包

（1）将后发区头发从中间左右分开，将一侧头发打毛并梳光表面，然后向另一侧扭转固定。

（2）将另外一侧头发进行打毛。

（3）向反方向扭转头发并进行固定。

（4）叠包完成，如图 2-28 所示。

图 2-27　单包发　　　　　　　　　图 2-28　叠包发

3. 扭包

（1）将头发打毛并梳光表面后，以梳子为轴，准备扭转头发。

（2）将扭转好的头发用手进行临时固定。

（3）用发卡固定头发。

（4）扭包完成，如图 2-29 所示。

4. 对包

（1）将后发区头发从中间分开，将一侧头发进行打毛并梳光表面。

（2）将头发向中间进行扭转固定。

（3）另外一侧头发用同样的方法向中间进行扭转固定。

（4）用发卡固定两侧头发的衔接位置。

（5）对包完成，如图 2-30 所示。

图 2-29　扭包发　　　　　　　　　图 2-30　对包发

四、打卷

在发型上经常用到打卷的手法，打卷能使造型更多变更生动，在我们经常做的盘发造型中运用相当广泛。

1. 连环卷

（1）分出一片头发并进行打毛，使发根立起来，梳光表面。

（2）以梳子为轴将头发打卷，用手指调整卷的大小。

（3）将固定好的发卷的发尾进行旋转，固定形成第二个卷，卷与卷之间要形成空隙。

（4）将剩余发尾打卷固定。

（5）连环卷完成，如图 2-31 所示。

2. 上翻卷

（1）取一片头发，以梳子为轴向上旋转。

（2）注意头发旋转的弧度。

（3）抽出尖尾梳，用发卡固定头发。

（4）将剩余发尾继续向上做上翻卷。

（5）上翻卷完成，如图 2-32 所示。

3. 下扣卷

（1）分出一片头发，将头发进行打毛并梳光表面。

（2）以梳子为轴向下翻转头发。

（3）固定头发。

（4）将剩余发尾继续向下翻转。

（5）继续向下翻转头发并进行固定。

（6）下扣卷完成，如图 2-33 所示。

图 2-31　连环卷

图 2-32　上翻卷

图 2-33　下扣卷

五、编辫子

辫子能增加造型的纹理感，辫子还有修饰造型轮廓的作用，编辫子是发型的基本技法之一，同时还能锻炼造型师的手的灵活程度和速度。

1. 扎马尾

（1）将头发梳到需要的高度，在手中收拢。

（2）将套好发卡的皮筋用手指套住。

（3）绕过头发，将发卡穿过皮筋拉紧。

（4）绕几圈之后将发卡插入头发进行固定。

（5）扎马尾完成，如图 2-34 所示。

2. 三股辫

（1）将头发分成三份。

（2）将三份头发相互交叉。

（3）连续交叉，调整松紧。

（4）三股辫完成，如图 2-35 所示。

图 2-34　扎马尾

图 2-35　三股辫

3. 三股连编辫子

（1）将头发分三股相互交叉。

（2）每股头发带一片头发。

（3）继续向下编。

（4）三股连编辫子完成，如图 2-36 所示。

4. 鱼骨辫子

（1）分四份头发，中间两份不动。

（2）左右两边的头发互相交叉。

（3）从两侧取头发继续向内编。

（4）辫子形成鱼骨状的交叉纹理。

（5）鱼骨辫完成，如图 2-37 所示。

图 2-36　三股连编辫子

图 2-37　鱼骨辫子

六、固定

头发固定如图 2-38 所示。

图 2-38　头发固定

小贴士

　　如何固定好头发使其不易松散，也是造型的一个基本的关键手法。在我们固定造型结构的时候，如果选择了合适的固定位置，一个发卡就能解决固定问题；而如果位置处理的不够恰当，多个发卡也未必能将头发固定牢。那么什么样的位置是合适的位置呢？其实很简单，在准备固定之前，我们会用手做临时的固定，那么手按住头发使其牢固的位置也就是需要下发卡的位置。而有些时候，因为发量过多等原因，一个发卡可能固定得不够牢，这时用十字交叉的方式进行固定，可以使造型更牢固。

牛刀小试：
　　找一个长发女孩，做一个编辫子或包发的造型吧！

项目三　生活妆造型设计

项目引领

　　爱美是人的天性。"世上没有丑女人，只有懒女人。"化妆是一种讲求品质的生活态度，是一个美丽女士的生活习惯。生活中淡妆素裹的女人，像是盛放不凋的花朵一般，总是能将女人的温婉、贤淑、优雅、调皮等个性展现出来，让人赏心悦目（如图3-1所示）。

图 3-1　生活妆效果图

项目目标

知识目标：
　　了解生活妆的妆面要点。

技能目标：
　　通过练习掌握生活妆的化妆技巧。

任务一 生活妆技能要点

任务情景

随着BB霜等裸妆产品的流行，现在出门不修饰自己的女人已经很少了，衣着的得体个性，妆容的精致淡雅，举手投足间流露女人的魅力。那么，生活妆到底有哪些要点呢？

任务要求

掌握生活妆的要点及操作技巧。

知识准备

生活淡妆也就是生活日妆，是生活中应用最广泛的妆型。这种强调自然的化妆方式也适用于各种年龄、各种类型的人，尤其适用于女性。淡妆的操作要突出妆面的自然柔和。根据化妆的不同目的和表现环境，可以进行面部的整体化妆或是局部修饰。

一、生活妆的特点

化妆是一种讲求品质的生活态度，是一个美丽女士的生活习惯。一个人在不同的时间、不同的地点、不同的场合，可以展示不同的形象。专业化妆师要根据 T、P、O（即时间、地点、场合）的不同来设计人物的不同形象，既有一致的风格，又有各异的精致。

裸妆妆面可以充分体现真、清、透的特点。真，是真实展示个人特色；清，是妆面干净，没有浓重化妆痕迹；透，是给人简单、舒适之感。

二、生活妆在描画时应掌握的要点

（1）涂抹底色要清透，充分体现皮肤的自然光泽。肤质好的人可直接用粉底液涂抹，肤质瑕疵较多的人可选择遮盖力较强的粉底薄薄地涂抹即可，注意在涂抹粉底时要与发际线、脖子、耳朵等处衔接好，不应有色差出现。

（2）眼线、眉毛的描画应清淡、自然。眼线的线条描画应纤细，不宜夸张和浓重。眉毛的修饰要自然，描画宜清淡。

（3）强烈的眼影色彩不宜在生活妆中使用，浓烈的色彩会使生活妆失真，不自然，不生活化。

（4）腮红与唇彩的描画点到即可，轻轻地晕扫腮红，让面颊看上去是自然透出来的红晕。唇彩的颜色可选择一些与唇色相近或浅淡的颜色。

（5）自然的生活妆搭配生活化的服装。服装的选择要适合个人的气质、年龄、职业等因素。

三、生活妆眼影颜色搭配技巧

生活妆眼影颜色搭配技巧一：深咖啡色＋明黄色，色彩偏暖，妆色明暗效果明显。

生活妆眼影颜色搭配技巧二：浅咖啡色＋米白色，中性偏暖，妆色显得朴素。

生活妆眼影颜色搭配技巧三：蓝灰色＋白色，色彩偏冷，妆色显得脱俗。

生活妆眼影颜色搭配技巧四：紫罗兰色＋银白色，色彩偏冷，妆色显得脱俗而妩媚。

生活妆眼影颜色搭配技巧五：珊瑚色＋粉白色，色彩偏暖，妆色显得喜庆活泼。

牛刀小试：

简述生活妆的化妆要点。

任务二　生活妆整体造型

一、妆面特点

（1）手法简洁，应用于自然光线条件之中。

（2）对轮廓、凹凸结构、五官等的修饰变化不能太过夸张，呈现清晰、自然、少人工雕琢的化妆效果。在遵循原有容貌的基础上，适当地修饰、调整、掩盖一些缺点，使人感觉自然，与整体形象和谐。

（3）用色简洁，在与原有肤色近似的基础上，用淡雅、自然、柔和的色彩适当美化面部。较常用的眼影颜色有浅咖啡色、深咖啡色、蓝灰色、珊瑚色、米白色、白色、柔粉色等。

（4）化妆程序可根据需要灵活多变。

二、造型展示

生活妆造型效果如图 3-2 至图 3-4 所示。

图 3-2　生活妆造型效果一

图 3-3　生活妆造型效果二

图 3-4　生活妆整体效果三

三、生活妆要点解答

1. 在什么情况下使用粉底

粉底通常在日间化妆时使用，一般有液体、粉状和粉饼式三种。多数女士使用液体，可以化得很淡。粉底的作用在于使肤色均匀，突出质感，还可以适当遮盖脸部皮肤的瑕疵；可以衬托化妆的效果，使眼睛、两颊、嘴唇的彩妆更为明显突出，且又不会扩散或相融。另外，粉底本身也有滋润肌肤、防止皮肤老化、抵抗紫外线照射的作用。粉底的色调，以乳白或米色为宜，尽量接近个人肤色，使之匹配协调。

2. 如何使用水粉饼

水粉饼也是粉底的一种，可以用海绵垫来蘸取涂饰，还可以反复涂抹，在遮盖效果上较为理想，相比液体粉底更持久而又不扩散。水粉饼有别于遮盖霜，它不稠不粘，含量低，不会出现因涂得太浓导致填实脸部皮肤组织纹理的情况。涂抹时应从眼睑揉向眼窝，再通过两颧骨涂向太阳穴，这样使面容柔和，避免出现高颧骨或深眼窝。

3. 如何使用压缩蜜粉

压缩蜜粉含有油脂，属于中性、湿润性蜜粉，主要用于日间化妆。可选择软毛刷涂抹，勿使其涂得太厚，要保持均匀，目的是使妆容维持稍久。蜜粉对于油性皮肤者来说，还能收敛脸部过多的油脂分泌物，使彩妆不受融溶干扰。

4. 粉状蜜粉有什么功效

这是一种古老而又传统的蜜粉。经过现代科学分析，确认了它的成分，有固定粉底的作用。对于遮盖面部瑕疵有不露痕迹、进一步完善的功能，使彩妆更加自然，是日间化妆不可缺少的一种化妆品。

5. 晚妆宜用哪种粉底

晚妆一般可以先用液体粉底，以淡而薄为佳，因为在灯光下要比在日光下反差弱一些，不需要更厚的遮盖效果，一样可以使彩妆清新自然、妩媚动人。不过有人乐于使用粉条粉底，因为粉条涂得淡些，遮盖效果甚佳，显得肤色光滑、柔融、细腻。

6. 涂粉底前宜擦什么乳液

一般日间化妆前宜擦日霜型乳液，或选用治疗型的药性乳液，主要用来保护面部皮肤，兼有抗紫外线和病菌的作用。对于干性皮肤者，还可以涂些滋润型乳液，增强保湿效能，润泽肌肤，然后再涂粉底较为妥当。

7. 蜜粉是否会使面部皮肤干燥

蜜粉是不会使面部皮肤干燥的。因为许多蜜粉都含有保湿成分。如果先用滋润型乳液，再施以粉底和蜜粉，则对皮肤能起到更好的保护作用。使用蜜粉后，卸妆也很简易，给日妆带来许多方便。长期使用对面部皮肤无任何伤害及不良作用。

8. 怎样修饰面部轮廓

通常可以选用两种化妆品：一种是修容饼。颜色稍微深些的可以用来修饰双颊、鼻梁及下巴；颜色略微浅些的，用以突显眼睑等部位。另一种是修容条，用于在上过粉底而又尚未涂蜜粉时，用它可以修饰双颊、下巴。可以用海绵棒蘸取使用，也可以用软毛刷涂；有时用中指或小指涂用也可以。

9. 怎样描出眉毛的风采

增大眉骨和上眼睑皱褶之间的距离，方法之一就是保持眉毛的干净和整洁。首先要确定浓眉和细眉哪一种使你更有魅力。注意尽量保持自然的原有眉形，只能拔除四周散乱蔓生的眉毛。修饰眉毛可使用眉笔和眉粉。眉笔属于传统化妆品，使用年代甚久，效果也很理想，很受职业女性欢迎。灰色眉笔很适宜黑发者；而褐色眉笔适宜金发、棕发及红发者。

10. 怎样巧施眼影

眼影粉一般有两种：带亮光的和不带亮光的。带亮光的眼影粉，历史较久远，用的人也很多，但始终难以掌握，现在多用于专业化妆。眼影粉色调以银灰、淡绿、天蓝较多，日妆稍淡，晚妆略浓。化妆时还应按照个性、习惯选用。另外，眼影粉还有冷、暖色调，分别用于不同季节。化眼影时应自眼中至眼角，并与眼睑、眉骨色调配合协调统一，掌握好分寸，用得恰到好处。当然，还要考虑时尚流行，与着装匹配和谐，突出清丽自然的感觉。

11. 如何把腮红涂得最美

宜选秀气、疏松的软毛刷，涂于两颊时应轻柔舒服，勿使其形成云团状。20 世纪 70 年代涂腮红的方式，虽曾红极一时，终因过深过重，而今不再流行。现代职业女性涂腮红，偏向自然风，非常淡而柔的过渡，似有似无，若隐若现，蕴含活力，美在其中，以极淡的粉红色腮红，找到准确的部位，从颧骨开始，即是在明亮阳光照射下，脸部最显红润的部位，突出中心，过渡到脸颊，使脸上增添一种温柔的红晕。

12. 在什么情况下使用亮光口红

亮光口红含有一定量的油脂，可以滋润口唇，涂后使人显得年轻自然。选择亮光口红宜选优质的，涂时最好先勾画唇线轮廓，然后在线的范围内涂匀。应仔细，不要涂出线外，避免唇膏淡化。注意唇纹，以浅而淡为度，不要又深又浓，看不出唇纹。通常涂一次最好，不宜涂两次。选择玫瑰红色比较理想，也需与时间、场合、服装和谐统一。晚妆可用珠光唇膏，选择鲜红色，在灯光下显现神韵艳魅。日妆可用稍暗的红色，以轻淡柔和为佳，突显自然纯美。

牛刀小试：

给自己化一个休闲妆，去公园里最美的角落，拍张照片吧！顺便观察他人的妆容哦！

项目四　职业妆造型设计

项目引领

　　化妆既是一种自我修饰，也体现了对他人的尊重。作为职业女性，化妆更是必修课。精致的妆容既能增添个人的美丽与自信，在特定的工作场景中，适度的化妆又能表现出个人成熟干练的形象，更可以加深别人对你的印象，如图4-1所示。

图 4-1　职业妆效果

项目目标

知识目标：
　　了解职业妆的特点及化妆要点。

技能目标：
　　掌握办公室化妆、教师化妆、公务员化妆、乘务员化妆等操作技能。

任务一　职业妆技能要点

任务情景

自信、知性、干练是职场女性的特点。在众多的职场白领中，以怎样的面孔面对你的上司、同事和客户，才能为自己的表现"加分"，得到他人的认可呢？

任务要求

掌握职业妆的特点及化妆方法。

知识准备

职业妆也属于生活妆中的一种，它与宴会妆的亮丽、美艳，舞台妆的浓郁、夸张，婚礼妆的清纯、柔美，时尚妆的流行、前卫等各种妆面均不相同，职业妆强调的是职业场合和职业特征。职业妆要适合于职业女性的工作特点或与工作相关的社交环境。

一、妆面特点

职业女性的妆面简洁明朗、线条清晰、大方高雅，具有鲜明的时代感。既要给人深刻的印象，又不能显得脂粉气十足，它要求化妆后自然，真实。总的来说，职业妆要清淡而又传神，恰到好处地强化和展现女性光彩与自信的魅力，如图4-2所示。

图4-2　职业女性妆容

二、表现方法

底妆：使用底色的要诀是将肤色自然的美感充分表现出来，因此粉底的选择是以自己的肤色为基础，稍明一些或稍暗一些都可以。黄褐色是一种健康年轻的颜色，使用它不仅可以适当遮住脸上的瑕疵，还可以显得朝气蓬勃。

定妆：为保证面部无油腻感，又不失透明度。颊红应以暖调为主，为了使肤色更明快，应选择粉红或橙红的定妆粉，因为粉红是健康的色彩，而橙红是较有个性的颜色。

眼妆：眼影的晕染范围重点在上眼睑的外眼角处，面积不宜过大，眼影可以起到强调眼形轮廓的作用，若眼形需要矫正时，则可以根据眼睛条件选择眼影晕染的范围与位置。眼线的线条整齐、干净。睫毛卷曲后刷少量的睫毛膏增加眼睛的神采。

眉妆：眉毛的形态可以说是左右职业妆印象的关键，因为眉毛可以使人的面部表情发生变化，眉过细，眉向下，都给人不可信的感觉，并且在做眉时，尽量避免做得过于"女人味"，稍上挑一些的眉毛会使人看上去很能干，眉峰尖锐的显得精明、果断。

唇妆：唇角圆滑，唇形小巧，是精美的唇妆。色彩自然是关键，颜色过暗、过艳，或唇形夸张都不适合办公环境。最常用的是粉色系与橙色系的唇妆。

腮红：腮红色浅淡柔和，过于浓艳的颜色会使妆面显得俗气。

整体形象：发型整齐大方，切忌凌乱。服装款式简洁，色彩淡雅。

【知识卡】

不同职业的化妆技巧

1. 记者妆

记者接触的对象是各不相同的，人们都希望她是让人一眼看上去就心里舒服又和蔼可亲的。基础化妆强调脸部骨点的立体感，眉间宽阔，有公正、大度的印象，眼部化妆不重，但用线精致，有层次感。鼻影恰到好处只染鼻根侧。这样双眼看上去会有专注、理解的印象。唇部化妆是记者妆型最重要的部位，唇峰宜阔不宜紧，且不宜上下起伏大，而是平缓开阔的。下唇角对应着也不能窄，而是圆中带方的。

2. 教师妆

教师的化妆不可以太浓，妆面应干净整洁，许多不完美的地方和突出的特点，要在基础化妆的过程中得到改善或消除。少许的化妆色和线条造型结合起来，以创造条理清晰的眉毛、生动明亮的眼睛和庄重周正的嘴唇。嘴是能善诱的，而眼睛是能倾听的。整个化妆让人看起来可亲可近、精力充沛。

3. 公务员妆

公务员的化妆要大方得体，厚实，看上去不是彩妆，而是单色的化妆色，是敬业而朴实的形象，基础色充分塑造立体感，特别是正挺的鼻子。再配上平实沉稳的眉眼唇形，就会体现出专业的态度，要注意沉稳厚实中带一点新鲜与灵气。

4. 秘书妆

某知名彩妆化妆师指出："秘书小姐应清秀而不是漂亮，理智而不是浪漫，可信而不是多变，给人温和而可信的印象，不强调嘴唇的峰谷而是平滑又上翘的微笑型唇会给人以温和服从的印象。眼镜框要简单、细巧，会被人认为你懂得现代企业的一套操作程序。可以佩戴简单无色的饰品。"

5. 护士妆

护士的形象是健康又有专业态度的，妆面干净又富有立体感，主要是通过粉底来表达。护士妆不能有化妆痕迹，因此化妆色要淡到几乎没有。口红应很淡，只是滋润的印象。眉眼展开，给人以亲切又专注的感觉。腮红不再用于造型，而是健康的血色。

【让你与众不同的小窍门】

●露出额头可使你变美

许多人虽拥有宽而丰腴的额头，却喜欢用头发加以遮掩，其实不妨试着梳起额发，展现自己的这一优点。当然，脸型呈三角形者另当别论。

●耳朵可以使脸部更明朗

齐耳短发盖住双耳，通常给人一种黯然无光的感觉，而露出双耳可使整个人显得精神焕发，即使只露半边耳朵，效果亦佳。

●画出自然眉

用眉扫沾上眉粉在眉上轻轻扫，较淡的眉毛可以用眉笔在较淡的部位点画，再用眉扫扫开，切忌用眉笔涂描，否则易将眉毛画重，与办公室气氛不协调。眉粉也不可一次性扫下，一点一点地将眉粉扫上是让眉毛显得自然的关键。

●眼影切忌浓艳

颜色过于浓艳的眼影不适宜在办公的氛围中使用，肉粉、豆绿、橘色、浅蓝色眼影可以使眼睛产生清爽亮丽的感觉，不会令人产生反感。

●唇部保持清爽是关键

口红的清爽画法是将口红点在上下唇中央部位，然后再轻轻抿开，颜色上以肉、粉、橘为佳。

任务二　职业妆整体造型

一、造型效果展示

职业妆造型效果展示如图 4-3 至图 4-6 所示。

图 4-3　职业妆整体造型效果

图 4-4　侧面效果一

图 4-5　侧面效果二

图 4-6　正面效果

二、造型步骤

职业妆造型步骤如图 4-7 所示。

模特初始造型

1. 选接近肤色的粉底打底妆

2. 提亮肤色

3. 上暗粉，突出面部立体感

4. 涂浅咖色眼影，轻轻晕染开

5. 画上眼线

6. 描画下眼线

7. 涂抹眼影

8. 将眼影晕染于下眼线

9. 描画眉毛

10. 涂抹唇彩

11. 打腮红，调整妆面

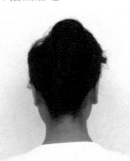

12. 盘头发，造型完成（背面、侧面效果）

图 4-7　职业妆造型步骤

项目五　晚宴妆造型设计

项目引领

随着现代社交活动的增多，人们会参加各种社交聚会，如晚宴等。为配合宴会华丽的环境和气氛，优雅得体的妆容与服饰是必不可少的。如图5-1所示，晚宴妆着重强调面部的立体感，妆面描画可稍浓重些，发掘自身长处，展现自我个性风采，在灯光的衬托下，魅力四射，从而成为晚会的焦点。

图 5-1　晚宴妆效果

项目目标

知识目标：

了解晚宴妆的妆面要点。

技能目标：

通过练习掌握晚宴妆的化妆方法。

任务一　晚宴妆技能要点

任务情景

不同的社交场合，不同的晚宴妆造型，可以展现女性不同气质的美——高贵、典雅、端庄、妩媚、冷艳等。

任务要求

了解晚宴妆的特点及造型要求。

知识准备

晚宴妆用于夜晚、较强的灯光下和气氛热烈的场合，显得华丽而鲜明。妆色要浓而艳丽，五官描画可适当夸张，重点突出深邃明亮的迷人眼部和饱满性感的经典红唇。适用于气氛较隆重的晚会、宴会等高雅的社交场合。在妆型上可依据服装的不同颜色和款式进行设计，显示女性的高雅、妩媚与个性魅力。色彩对比强烈，搭配丰富，由于环境灯光的影响，妆面色彩比一般日妆、生活妆要浓一些。

一、晚宴妆的造型设计分类

1. 商务型晚宴妆

在较为正式的宴会场合，造型设计应简洁、大方，充分体现女性优雅的气质，造型不宜夸张，在妆面色彩的选择上不宜浓烈与鲜艳。整体塑造典雅、高贵、含蓄的形象。

2. 派对型晚宴妆

派对的气氛较为轻松，在妆色与造型的设计上可根据个人的喜好而定，应妩媚、愉悦，充分体现出女性浪漫的气质。

3. 另类型晚宴妆

不同风格的宴会或聚会，妆色与造型的设计可多元化，可融入夸张的个性设计元素，充分体现女性个性化的气质。

晚宴妆最能发掘和展示女性的美，能展示女性个人的气质与内涵，能愉悦心情，展现良好的精神风貌，充分释放女性的魅力。

二、晚宴妆的描画特点

由于晚宴聚会安排的场所不同，在不同的环境下灯光也会有差别。如果聚会的场所以红色光为主，妆面以暖色系为主，其明度会升高，而色度将会变浅。妆面以冷色系为主，整体妆色会显灰暗，明度和纯度都会降低。在红光下应该多强调浓重的暖色，粉底的颜色选择也应偏暖，加强阴影结构的描画，腮红与口红的颜色运用要偏浓重些，这样会显得色彩饱满，脸部结构有层次感。

如果聚会的场所以黄色光为主，在色彩的运用上就不宜采用黄色、蓝色、紫色等颜色。妆面中的黄色会被黄光照射得接近于白色，色彩纯度降低。而黄光照射在蓝色、紫色等冷色调时，会使妆色变得灰暗，明度和纯度都会下降。所以妆色宜选择明亮、色泽饱满的色彩，如红色、橙色、粉色等都会使妆面变得明亮、艳丽，妆面效果富于表现力。

如果聚会场所以蓝色光为主，妆面色彩应以冷色系为主，蓝色光会使冷色系的妆面更加亮丽、鲜艳。而蓝色光照在暖色系的妆面上，会使色差减弱，色相变得接近，颜色变得灰暗。腮红与唇色宜选择偏冷的红色调。

在不同颜色的灯光下，应选择不同的妆面颜色，使妆色与光色协调搭配，化妆效果更具魅力。

【知识卡】

晚宴妆如何夺目

（1）选用带有淡淡银灰色的冷色调眼影，塑造眼部混血儿似的性感妆效，自然浓密的睫毛与眼线的勾画，没有矫揉造作的矫情，却散发让人难以抗拒的妩媚感，珊瑚橘的腮红在光影强烈的底妆上刻画甜美轮廓。

（2）在整体的面部打上粉底，蘸取一个深于肤色的粉底，从太阳穴开始，到耳朵下的脸颊，将粉刷在这个地方来回扫刷几次，衔接上下的脸部妆容。

（3）依然要蘸取少量的深色粉底，顺着颊骨向太阳穴的方向横向扫刷，需要注意的是，粉千万不要涂得太厚，否则会让皮肤显得生硬。

（4）下巴与脖子连接的部位也要刷上深色粉底，而且也可以形成自然的阴影效果，同时还可以打出清晰的面部轮廓。

（5）前额的发际处刷几下深色粉底，形成的阴影也可强调额头的鲜明轮廓，让额头显得更加圆滑。

（6）要想避免全脸都是粉底使脸上毫无血色的话，就得适量地使用腮红了。用粉刷蘸取少许腮红后，在手背上稍微滚动一下，使粉末黏着在粉刷上。

（7）在两颊较高的地方（即颊骨突出部位）横向往外扫刷，然后再慢慢扩大范围，在颊上描绘出自然的红润脸色。

（8）用扁形粉刷蘸取浅色粉底在鼻梁、人中处以及下巴处刷上一层高光，明暗对比突显立体感。

（9）颧骨处也要同样地用浅色粉底打出高光，不仅让脸部细节尽现，还能强调出眼妆的色感。

牛刀小试：

　　高贵、典雅、端庄、妖媚、冷艳……你喜欢哪一种风格呢？

　　请选择一种风格，找一个同学做模特，做一个晚宴造型吧！

　　记得为自己的作品拍下照片哦！

任务二　晚宴妆整体造型

一、造型效果展示

晚宴妆造型效果展示如图 5-2 至图 5-6 所示。

图 5-2　晚宴妆整体效果

化妆与盘发

图 5-3　侧面效果一

图 5-4　侧面效果二

图 5-5　侧面效果三

图 5-6　侧面效果四

二、造型步骤

晚宴妆造型步骤如图 5-7 所示。

1. 选择与肤色相近的粉底打底

2. 面部定妆

3. 打阴影

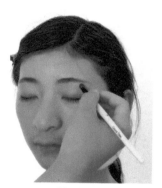

4. 描画眉毛

5. 描画眼线

6. 描画眼影

7. 提亮眉弓骨

8. 粘贴假睫毛

9. 描画嘴唇涂抹唇彩

图 5-7　晚宴妆造型步骤

10. 卷烫头发

11. 头发分区

12. 包发固定

13. 包发于头顶

14. 盘发与头顶用发卡进行固定

15. 固定发包

16. 造型完成

图 5-7　晚宴妆造型步骤（续）

项目六　新娘妆造型设计

项目引领

　　婚礼是人生大事，一款唯美的新娘妆容一定能让你在婚礼上光芒闪耀。新娘造型是结婚那天的扮靓重点（如图6-1所示）。新娘妆，顾名思义是女性在婚礼上的妆容。穿婚纱拍婚纱照是每个女孩子从小的梦想，在自己最幸福的这天，化一个漂亮的新娘妆和自己最爱的人一起留下美好的记忆。

图 6-1　新娘妆效果

项目目标

知识目标：
　　了解掌握新娘化妆造型的彩妆要点。

技能目标：
　　练习掌握新娘妆，会动手操作。

任务一　韩式新娘妆造型设计

任务情景

近年来，不少年轻女孩都喜欢选择韩式新娘妆来让自己在婚礼的当天明艳动人、靓丽出众。那么，要打造一个完美的韩式新娘妆有哪些要点和技巧呢？

任务要求

1. 了解韩式新娘妆的妆面特点。
2. 通过练习掌握韩式新娘妆的化妆方法。

知识准备

一、韩式新娘妆造型特点

（一）韩式新娘妆容的总体特点

1. 简洁的服装

婚纱宜选择简洁的款式，面料要有垂感，并且裙摆表层覆有一层薄纱，这样可令新娘显得更加轻盈柔美。

2. 干净的妆面

妆面不宜过浓。为了凸显皮肤质感，可用珠光粉强调 T 区和三角区的反光感。粉底要打得轻薄，唇部只涂抹少量唇彩即可。妆面重点在眉部和眼部，应加强对眉毛、眼线和睫毛的修饰。

3. 多变的发型

根据新娘的脸型和整体的搭配来确定发型，要简洁但不单调，雅致大气，拥有一定的层次感或线条美。

4. 精致的头饰

较常用的头饰有各类头纱、娇羞精致的皇冠、花形发饰、珠串类、水晶类小发夹等，除了头纱，其他饰品的运用以恰当的小面积点缀为主，在保存整体发型风格简洁、大气的同时，通过小饰品的点缀来提升发型的层次感、丰富感和时尚感！

（二）韩式新娘妆彩妆要点

（1）韩式新娘妆讲求的是清新、自然、大方，所以妆面不要有浓妆艳抹的彩妆痕迹。

（2）韩式新娘妆的着妆重点是在眼睛部分，所以要把眼妆打造得美美的，眼线应该要尽量靠近睫毛边缘，而眼影部分要以眼眶为中心，逐渐向外淡去。

（3）对于脸颊部分的化妆，也是应该要以自然为主，千万不要在颊红区和皮肤之间留下明显的分界线。

（4）唇妆方面，应该直接用唇膏把嘴唇的轮廓给描画出来，然后再进行涂抹，不需要用唇线笔的，涂完后用纸巾按一按嘴唇，吸走多余的口红。

（三）韩式新娘发型技巧

每位新娘在结婚的时候都梦想着自己能够化身优雅浪漫的女神，用自己最美的姿态走向婚礼的殿堂，开始生命中美好的篇章。韩式新娘发型是浪漫优雅的点睛之笔，打造一个浪漫唯美的韩式新娘发型很有必要。

（1）首先，想做韩式新娘发型，头发发量要饱满，长度要适宜，修剪层次合理，尽量不要太大层次。若发量不够，可借助假发片。

（2）洗净头发，尤其是头皮上发丝根部的油垢，否则影响盘头的蓬松度。

（3）吹干水分吹蓬发根，电棒电卷，主要是电头发纹理，按造型师设计的头发纹理走向电发片，发片带紧才有光泽度。

（4）编盘：松散的盘，不要用太多的发胶，可借助少量发油。

（5）控制盘发重心：重心感明确（低盘或高盘），之前可做少量挑染，可加强头发纹理，还可烫中或大卷（浪），有调整发质的作用，熟头发比生头发造型效果要好得多，离子烫的头发就很不出造型效果。所以，不是什么样的头发都适合做韩式新娘发型的。

（四）韩式新娘盘头类型

1.温婉优雅型

特点：温婉可人的造型很利于打造不凡的气质，十分适合中长发、脸型瘦长的新娘。为了制造出蓬松自然的感觉，均需要用电卷棒让头发卷曲，然后再编出发辫，进行打理。

妆容：深邃的眼眸，健康的肌肤都是这几款妆容的重点，腮红和唇彩的色调保持统一，打造出优美、典雅的浪漫情怀。

配饰：简单的小钉珠、小绢花，珍珠的耳饰有利打造出清新脱俗的风格。

2.可爱俏皮清纯型

特点：随意扎起斜侧于一侧的微卷发，粉白相间的小花头部点缀，宛如精灵般俏皮，将新娘扮得更加甜美、生动。哪怕是头发稍短的新娘也可以尝试这种风格，身材娇小的新娘不妨尝试一下。

妆容：健康滋润的肌肤是整个妆面的基础，粉色与银白色相间的眼影搭配突出整个重点，统一色调的唇彩更显亮丽迷人。

配饰：小花环、小钉珠，短而层次感强的头纱，短款的婚纱都可以让新娘变得可爱起来。

3.长直发造型

特点：长直发造型，不管是斜梳还是中分，看上去都简单而清新。

妆容：接近于裸妆的自然妆容。

配饰：发带和发箍是少不了的。

4.知性时尚型

特点：突出清爽、干练的感觉。

妆容：营造小烟熏的感觉，暗沉金色的眼影很亮彩，相对来说比较适合晚宴时使用。

配饰：在灯光下更为闪亮的水钻饰品比较适合这种类型的新娘发型。

二、造型效果展示

韩式新娘妆造型效果展示如图 6-2 和图 6-3 所示。

图 6-2　韩式新娘妆整体造型

图 6-3　侧面、背面效果

三、造型步骤

韩式新娘妆造型步骤如图 6-4 所示。

1. 用和肤色相近的粉底打底

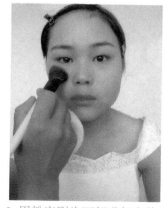
2. 用粉底刷为面部进行定妆

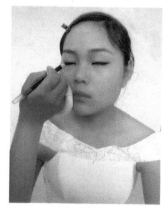
3. 描画眼线

4. 沿睫毛根部夹翘睫毛

5. 粘贴假睫毛

6. 在上眼睑眼球位置晕染浅紫色眼影，并用浅紫色眼影加深后眼尾位置

7. 调整整体妆面

8. 烫卷头发

9. 将顶区头发打毛并收拢

图 6-4　韩式新娘妆造型步骤

10. 拧发固定

11. 取右侧头发下边的部分头发
向上拧转固定

12. 继续取左侧头发下边的
部分头发向上拧转固定

13. 续发拧转

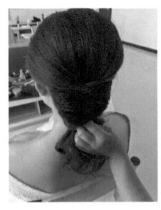

14. 续发至发梢位置

15. 将发梢向里卷桶并固定

16. 发型造型完成

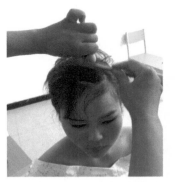

17. 将刘海区头发打毛造型

18. 佩戴头饰，造型完成

图 6-4　韩式新娘妆造型步骤（续）

任务二　日系新娘妆造型设计

任务情景

以甜美、时尚、独特的可爱风格为主打的日系妆容，成为时下潮流女孩们追捧的主流妆容。稚嫩无辜的大眼妆、清新自然的裸唇和简约随意的发型是日系风格造型的主打标志（如图6-4所示）。为顺应现代年轻化个性消费者的需求，我们特别将日系甜美风格融入到影楼新娘造型中。下面就请同学们一起来看看日系新娘妆的化妆要点，以及发型、饰品的配搭吧。

图6-5　日系新娘妆造型

任务要求

1. 了解日系新娘妆的妆面特点。
2. 通过练习掌握日系新娘妆的化妆方法。

知识准备

一、日系新娘妆造型特点

（一）日系新娘妆容要点

（1）底妆要选择遮盖力好，又不脱妆的粉底液，蜜粉最好是带有闪粉的。

（2）新娘的眼影晕染的面积要大些，下眼睑也要涂抹，尤其是眼尾处及睫毛根部都要重点反复涂抹。要有层次感，用眼影盘里最浅的颜色覆盖在深色与浅色的边界线，用指腹蘸取后涂抹，晕染均匀。

（3）日系眼影滋润度好，偏湿，粉质的颗粒很细小而且以珠光偏多，看上去自然柔和、生动，透明感强，光泽度好。暖色调的设计，比如粉色系等，特别适合中国新娘的皮肤颜色。

（4）眼线用眼线笔在睫毛根的缝隙处涂满后，上眼影帮助其定妆，这样画出的眼线不易晕染，然后用防水的眼线液在睫毛根的上面进行最后一步涂抹。

（5）新娘的睫毛很重要，通常新娘妆重点在上睫毛，一般都会带一层到两层的假睫毛，选择适合自己眼形的专属上睫毛，涂上防水型的睫毛膏。要画出日系新娘妆，建议用两种不同款的睫毛膏，先用浓密型帮助增密后，再用纤长型涂抹在睫毛前端，这样就更突显出新娘的双眸了。强调在上下睫毛的后眼尾，可以更好地体现效果。

（6）橘色及粉色腮红共同使用，效果更好。先大面积涂抹一层橘色，再把粉色的涂抹在中央区，看上去让人更加想去呵护并增加了可爱度。然后在T字部位涂抹高光。

（7）唇部饱满，在涂完唇膏后在唇部的中央用唇彩提亮。

（8）最后在全身涂抹些妆前乳及闪粉。

（9）要想更加体现漂亮的日系妆容的特点，可佩戴美瞳。婚礼当天的美瞳不要太夸张，如果美瞳是蓝色的，就不要画粉色或偏黄色的眼影。如果是绿色系美瞳，不要化紫色眼影。建议配搭咖啡色系美瞳，更显庄重，更适合中国新娘的皮肤颜色。

（二）日系新娘发型要点

现代化的日系新娘头发很少是天然的黑色，而往往会选择染成栗色，咖啡色。这是因为此类发色贴近大地色，而日系女生和森系相同的一点就是对自然的崇尚。

1. 齐刘海

齐刘海是减龄神器，这对于爱卖萌娇小可爱的日系新娘来说简直是必备选择，与韩式空气刘海不同，日系齐刘海更垂顺、更密集，完全打造出乖乖女的形象。

2. 垂坠感

日系新娘发型另外一个重要特点是脸颊两侧垂坠的发丝，日系可爱新娘往往有着婴儿肥的脸，因此脸颊两侧的发丝不仅可以遮盖一部分的脸，同时搭配齐刘海更能凸显出乖巧的感觉。

3. 松散感

日系新娘发型很少有像欧式韩式新娘整齐利落的盘发或编发，她们的发型往往更为自然，就算是盘发的造型也依旧有大面积的发丝垂坠。此外披散的发型也是日系新娘发型的一个大众选择。

4. 卷发

日系新娘的发型基本以卷发为主，或者至少是发尾的微微卷曲，卷曲的头发不仅能在视觉上遮盖一部分婴儿肥的脸部，而且更能体现出日系新娘可爱的特点。

二、造型效果展示

日系新娘妆造型效果如图 6-6 至图 6-10 所示。

图 6-6　日系新娘妆造型效果

化妆与盘发

图 6-7　效果一

图 6-8　效果二

图 6-9　效果三

图 6-10　效果四

三、造型步骤

日系新娘妆造型步骤如图 6-11 所示。

1. 用粉扑均匀地打底

2. 上眼睑用浅色眼影提亮

3. 描画眼影

4. 描画眼线

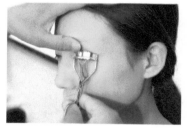

5. 夹翘睫毛

6. 粘贴假睫毛

7. 描画眼线

8. 描画眉毛

9. 打腮红，调整妆面

10. 涂抹唇彩

11. 烫卷头发

12. 右发区编发

13. 右发区编发内卷盘起

14. 将头发固定

15. 左发区头发编发

图 6-11 日系新娘妆造型步骤

16. 左发区头发从脑后编起　　17. 将左右两发区头发固定，发　　18. 佩戴头饰，造型完成
　　　　　　　　　　　　　　　　　尾打毛

图 6-11　日系新娘妆造型步骤（续）

任务三　中式新娘妆造型设计

任务情景

学习了韩式新娘妆与日系新娘妆之后，我们再一起来学习一下中式新娘妆造型吧！

任务要求

1. 了解中式新娘妆的造型特点。
2. 通过练习掌握中式新娘妆的化妆方法。

知识准备

一、中式新娘妆造型设计

1. 护肤

首先清洁面部，再为面部均匀补充充足的水分，最后在面部使用保湿乳液。留住面部水分使面部在上妆前达到最佳状态。

2. 打粉底

选择一款与皮肤相近的粉底颜色，将海绵打湿（约三成湿），蘸取粉底从上至下均匀在面部涂抹开。注意粉底要涂抹均匀、帖服、清透。

3. 定妆

选择透明定妆粉定妆，用粉扑蘸取定妆粉适量，先在粉扑上均匀揉开。先在眼部拍按定妆，再向周围展开，定妆粉要拍按均匀，不能出现不均匀的色块。以手背轻拍面部没有粘连的感觉为准。

4. 面型修饰

不用描画得太立体。以面型秀气，柔美为参照。

5. 眼线

选择黑色眼线笔，紧贴睫毛根部描画出自然清晰的眼线。修饰眼形，使眼眼清晰、靓丽有神。眼线可以描画得修长一些，这样比较适合中式的审美感受。

6. 眼影

使用平涂晕染技法，选择红橙色、浅金色、米白色眼影。先用浅金色在上眼睑画上一层底色，再使用红橙色从睫毛根部开始放射状晕染开，睫毛根部为深色区向上淡开，层次感要强，色彩晕染均匀。最后用米白色在眉弓上提亮。

7. 眉毛

眉型要体现中式新娘的秀气、温柔气质，因此可选择眉笔描画眉毛。眉毛描画要自然、修长，不宜画得太粗，色彩均匀，结构感清晰。

8. 睫毛

睫毛的处理以自然，能体现眼部精致靓丽为主。先将睫毛用睫毛夹夹出自然弯曲柔和的形状，再均匀地涂上睫毛膏，最后选择一副自然型的假睫毛，顺着眼形与本身睫毛粘连在一起。

9. 腮红

选择橙色调腮红，打在颧骨的最高处，向周围晕开。这样的面色看起来具有中式的古典气质。

10. 口红

使用大红色口红描画嘴唇，唇型描画要清晰、小巧，唇部看起来秀美，靓丽。最后点上唇冻，增加唇部的光泽和立体感。

11. 整体修饰

最后检查面部各部分的颜色搭配衔接是否自然协调，是否具有中式新娘的秀美古典气质，并做出相应调整。

12. 发饰服装造型

将头发盘起在后脑，形成一个发髻，并佩戴饰物，再带上耳坠和项链。

13. 整体造型配饰

检查服饰与发饰、首饰、妆面等搭配是否协调，并做出相应调整。确保配饰起到矫正脸型的作用。

二、造型效果展示

中式新娘妆造型效果如图 6-11 至图 6-14 所示。

图 6-11　中式新娘妆造型

图 6-12　正面效果

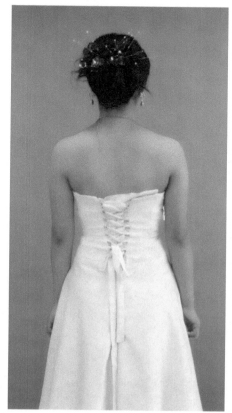

图 6-13　背面效果

图 6-14　侧面效果

三、造型步骤

中式新娘妆造型步骤如图 6-15 所示。

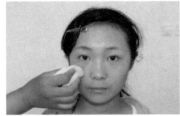
1. 用粉底液对面部进行均匀细致的打底

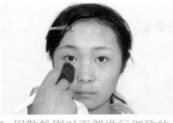
2. 用散粉刷对面部进行细致的定妆

3. 晕染上眼睑眼影

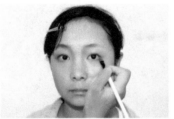
4. 晕染下眼睑眼影

5. 描画上眼线

6. 注意眼尾部分

7. 描画下眼线

8. 粘贴假睫毛并整理出弧度

9. 描画眉毛

10. 晕染腮红,使面颊红润

11. 涂抹红色唇膏,唇形轮廓要清晰

12. 头发分区

图 6-15　中式新娘妆造型步骤

13. 顶区打毛

14. 顶区打毛梳光表面

15. 从右侧区编三股单边续发

16. 右侧两排三股单边续发

17. 左侧编发

18. 编发固定在脑后枕骨位置

19. 固定于脑后

20. 佩戴发饰，造型完成

图 6-15　中式新娘妆造型步骤（续）

项目七 影楼化妆造型设计

项目引领

随着社会的发展，影楼的化妆造型从千篇一律的表现形式中解脱出来，呈现出多种艺术风格的千娇百媚。归纳一下，现代影楼的服务项目一般分为民族特色服装化妆造型、日常生活化妆造型、艺术写真化妆造型、儿童化妆造型等。我们将选取这些项目逐一介绍。

图 7-1 影楼化妆效果

项目目标

知识目标：

了解现代影楼的服务内容及影楼化妆造型特点。

技能目标：

熟练掌握影楼各种妆面的造型技巧。

任务一　高贵典雅艺术写真造型设计

任务情景

高贵、典雅的生活是我们很多人的梦想与憧憬。在影楼造型设计中，高贵典雅的艺术风格是很多顾客所喜爱的，经常被选择、使用。

任务要求

通过练习掌握高贵典雅艺术妆的化妆方法与造型技巧。

知识准备

高贵典雅的写真一般采用旗袍或者礼服来完成。妆容色彩主要采用金棕色，庄重、大气且富有活力。小烟熏加上微挑的眉毛，自然提升面部结构的腮红搭配，自然肉色或淡金色璀璨感唇彩，都会达到很好的艺术效果。

一、礼服造型设计

（一）造型效果（如图 7-2 至
　　　图 7-6 所示）

图 7-2　礼服造型效果

图 7-3　礼服效果一

图 7-4　礼服效果二

图 7-5　礼服效果三

图 7-6　礼服效果四

（二）造型步骤（如图 7-7 所示）

1. 用粉底液为面部进行均匀细致打底

2. 用散粉为面部进行定妆

3. 描画上眼线

4. 用睫毛夹修整睫毛

5. 粘贴假睫毛

6. 晕染棕色眼影

7. 描画下眼线，注意尾部

8. 晕染金色下眼影

图 7-7　造型步骤

9. 两边眼角处贴钻，注意对称

10. 描画眉毛

11. 根据服装要求涂抹暖色唇膏，妆面完成

12. 将发根与中部夹成玉米须并分区

13. 后区头发梳光

14. 后区头发分股固定

15. 后区所有头发盘于头顶

16. 前右区头发梳光并用卡子固定

图 7-7　造型步骤（续）

17. 梳光前左区头发

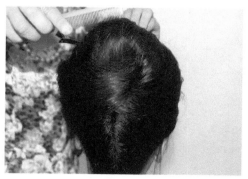

18. 梳光发尾，发卡固定

19. 戴好发饰，发型完成

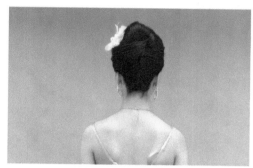

20. 造型完成

图 7-7　造型步骤（续）

二、旗袍造型设计

（一）造型效果（如图 7-8 至图 7-12 所示）

图 7-8　旗袍造型效果

图 7-9　正面效果

图 7-10　侧面效果

图 7-11　后面效果

图 7-12　整体效果

化妆与盘发

（二）造型步骤（如图 7-13 所示）

1. 将粉底液均匀涂抹于面部

2. 用暗影粉修饰面部轮廓

3. 上眼睑后部晕染眼影

4. 上眼睑前部晕染珠光粉

5. 描画上眼线

6. 晕染下眼睑

7. 描画下眼线

8. 粘贴假睫毛

9. 描画眉毛

10. 晕染腮红

图 7-13　造型步骤

11. 涂唇膏

12. 将刘海区分出来

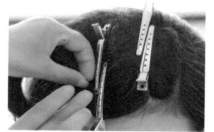

13. 顶区头发手推波纹

14. 手推波纹，上发胶，发卡固定

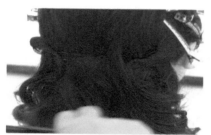

15. 后部分三区并将头发打毛

16. 将后右区头发向上做卷筒固定

17. 将后区头发向上做卷筒，发卡固定

18. 上发胶，固定

19. 佩戴饰品，造型完成

图 7-13 造型步骤（续）

任务二　甜美可爱艺术写真造型设计

任务情景

　　甜美可爱艺术写真造型在影楼化妆中应用的频率也很高，因为它符合很多女孩子的心愿和气质，可以展现内心清纯可爱的一面。

任务要求

　　做一个甜美可爱艺术妆的造型。

知识准备

一、甜美可爱艺术写真造型

　　甜美可爱艺术写真造型一般采用粉嫩的色彩来完成妆面风格，眼妆方面一般选用淡淡的蓝色、紫色、粉色、黄色或者浅金棕色，局部晕染即可。腮红可以选择圈形打法，眉毛要处理得自然。在发型上选择丸子头、俏皮短发、松散辫发等都可以。配饰上蝴蝶结必不可少。其造型效果如图 7-14 至图 7-18 所示。

图 7-14　甜美可爱艺术造型

图 7-15　侧面效果一

图 7-16　侧面效果二

图 7-17　正面效果

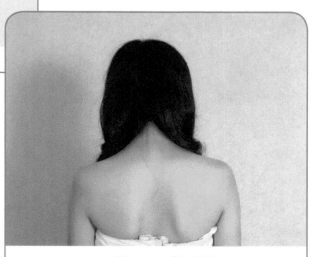

图 7-18　背面效果

二、造型步骤

甜美可爱艺术写真造型步骤如图 7-19 所示。

1. 用粉底液均匀涂于面部

2. 在上眼睑晕染淡玫红色眼影

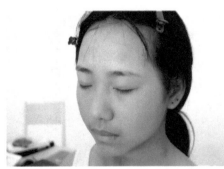

3. 根据眼形，贴合适大小美目贴

4. 描画上眼线

5. 夹睫毛，并粘贴假睫毛

6. 用粉色眼影晕染下眼睑

图 7-19　甜美可爱艺术写真造型步骤

7. 描画下眼线

8. 晕染腮红，注意面部立体感

9. 用眉笔补充眉毛

10. 涂抹粉嫩红色唇彩

11. 晕染腮红，妆面完成

图 7-19 甜美可爱艺术写真造型步骤（续）

牛刀小试：

甜美可爱妆有哪些操作要点？你能概括出来吗？

任务三　文艺清纯艺术写真造型设计

任务情景

文艺清纯也是影楼化妆中流行不衰的一个系列，彰显着特别的文艺范和气质美，为很多青年人所喜爱。

任务要求

掌握文艺清纯艺术妆的化妆方法与造型技巧。

知识准备

文艺妆又可以分为清纯、颓废、森系等多个系列。今天我们来做一个清纯的艺术写真造型。

一、文艺清纯艺术写真造型

文艺清纯艺术写真造型效果如图 7-20 和图 7-21 所示。

图 7-20　文艺清纯艺术写真造型效果一

图 7-21　文艺清纯艺术写真造型效果二

二、造型步骤

文艺清纯艺术写真造型步骤如图 7-22 所示。

1. 用粉底液均匀地涂抹于面部

2. 在面颊处刷涂暗影粉，使五官更立体

3. 在上眼睑晕染眼影

4. 粘贴假睫毛

图 7-22　文艺清纯艺术写真造型步骤

5. 用水溶眼线粉描画上眼睑的眼线

6. 晕染腮红

7. 涂抹唇蜜

8. 用眉笔补充眉毛，妆面完成

9. 将前区头发分区，用皮筋固定

10. 打毛刘海，并整理

11. 佩戴发饰，造型完成

图 7-22 文艺清纯艺术写真造型步骤（续）

牛刀小试：

完成一个颓废文艺青年造型。

任务四　唐朝服装化妆与造型设计

任务情景

　　唐代宫廷服装在现今生活中应用广泛，影视剧、影楼拍摄以及一些宣传活动等都会有唐代宫廷服饰的身影。其实随着时代的发展，一些具有历史原型的妆容造型也被融入了一些新的时代元素。

任务要求

　　做一个唐代宫廷妆造型。

知识准备

一、唐朝服装化妆与造型

　　唐朝服装化妆与造型效果如图 7-23 和图 7-24 所示。

图 7-23　古装造型效果一

图 7-24　古装造型效果二

二、造型步骤

唐朝服装化妆与造型步骤如图 7-25 所示。

1. 用粉底液均匀地涂抹面部

2. 上眼睑提亮高光

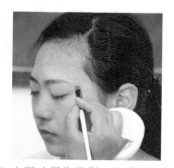

3. 上眼睑晕染眼影，注意形状

4. 上眼睑剩余部分晕染白色眼影

5. 描画上眼线

6. 描画眼角

图 7-25　唐朝服装化妆与造型步骤

7. 描画下眼线及晕染下眼睑

8. 描画眉毛

9. 在唇部涂大红色唇膏

10. 在眉心粘贴红钻

11. 粘贴假睫毛

12. 散粉定妆，妆面完成

13. 将头发挽起，并将假发用
发卡固定

14. 佩戴饰品，造型完成

图 7-25　唐朝服装化妆与造型步骤（续）

牛刀小试：

你能归纳出唐朝宫廷妆的化妆要点吗？

任务五　清朝服装化妆与造型设计

任务情景

　　"格格"这一称谓原为满语的译音，译成汉语是小姐、姐姐、姑娘之意。受现在流行的一些清宫剧的影响，很多女性也喜欢格格这一造型。

任务要求

　　掌握清朝格格妆的化妆技巧。

知识准备

一、清朝服装化妆与造型

　　清朝服装化妆与造型如图 7-26 至图 7-29 所示。

图 7-26　格格妆造型

化妆与盘发

图 7-27 正面效果

图 7-28 背面效果

图 7-29 整体效果

二、造型步骤

清朝服装化妆与造型步骤如图 7-30 所示。

1. 用略白于肤色的粉底膏为面部进行打底

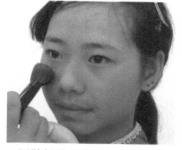

2. 用散粉进行定妆，定妆要薄，不要影响肤质的感觉

3. 用淡紫色眼影对上眼睑进行色彩晕染

4. 描画上眼线

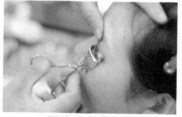

5. 用睫毛夹夹翘睫毛

6. 粘贴假睫毛

7. 描画眉形

8. 刷粉色腮红，使肤色看起来红润

9. 涂抹粉嫩色的唇彩，妆面完成

10. 将头发分区并用发卡固定

11. 顶区头发梳光盘起

12. 两侧发区梳起盘于头顶

13. 将齐头假发固定于顶区

14. 佩戴发饰，造型完成

图 7-30　清朝服装化妆与造型步骤

任务六　儿童写真化妆造型设计

任务情景

现在儿童摄影机构越来越多。那么，儿童化妆造型有哪些注意事项呢？

任务要求

通过练习掌握儿童妆的化妆方法与造型技巧。

知识准备

一、儿童摄影化妆品的选择

（1）要兼顾化妆品的功能性、有效性和美学性。

众所周知，化妆的目的在于美化自身的形象，儿童化妆同样如此。化妆品的功能及有效性直接影响到装扮的效果，同样在保证这两种成效的基础上，美学也是必不可少的。儿童的皮肤大多都很光滑、细腻，所以儿童的化妆需选择那些颗粒细小、较薄、较滋润的化妆品。着色效果看起来自然、柔和的化妆品更适合儿童摄影选用。

（2）化妆品的原料必须由最纯净的原料加工而成以确保较高的安全性。

化妆品是人们采集一些基本材料后加工而成的，在加工过程中为了达到人们想要的效果，不可避免地添加了一些香料和染料，这样加工出来的化妆品或多或少会对皮肤产生不良影响。由于儿童的肌肤非常娇嫩、脆弱，所以在选择化妆品的时候需要特别"挑剔"。原料纯度高、纯天然的化妆品是儿童化妆品的首选。应少用或尽量不用添加香料、染料等刺激性成分的化妆品给儿童上妆。

（3）幼儿的化妆可选用水溶性化妆品。

水溶性化妆品的特性是上妆速度快，容易卸妆。也要注意使用适合中性皮肤的无刺激性的化妆品。

二、儿童化妆造型操作技巧

（1）在化妆中可刮掉一些散碎的眉毛，但不要修眉。

（2）涂儿童乳液。

（3）可打少许液体透明的粉底，使皮肤颜色光滑透明。

（4）上定妆粉。

（5）眉毛用黑色或灰色眉粉轻扫几下，眼影以绿色、黄色、棕色、粉色为主，眼线的颜色以咖啡色为主，不突出、不夸张，睫毛要自然上翘，上下眼睫毛涂睫毛膏，腮红以娃娃妆腮红为主，口红可以选择颜色较浅的浅粉色。 造型以时尚、个性的发型为主，突出儿童的天真活泼可爱。在适当的时候可用假发造型，但不要脱离儿童活泼的天性。总之，儿童化妆造型是一门新兴的技术，只有在工作中不断地学习与锻炼才会日臻成熟。

图 7-31　儿童写真造型

三、儿童化妆造型效果示例

儿童化妆造型效果如图 **7-31** 至图 **7-34** 所示。

图 7-32　效果一

图 7-33　效果二

图 7-34　效果三

项目八　艺术化妆与造型设计

项目引领

如图 8-1 所示，对于真正热爱化妆造型这个职业的化妆造型师来说，能够把自己的想法完美地呈现在作品中，是一件非常快乐的事情。也许在这其中没有利益的驱动，甚至要有很多精神物质上的付出，但是那种看到自己的成果的喜悦感是无法比拟的，只有真正沉浸其中的人才能切身体会。在我们做创意的化妆造型的时候，仅仅通过凭空的信手拈来是不够的，这样往往会造成作品的空洞无力，缺乏主题性和耐看性。所以在我们做创意的化妆造型之前要经过精心准备，以及找准创意的切入点。只有这样才能让自己的作品与预期相差无几，甚至更出色。

图 8-1　艺术妆效果

项目目标

知识目标：

了解创意妆的艺术特点及设计方法。

技能目标：

能运用创造性思维进行创意妆设计并表现出来。

任务一　创意妆与造型设计

任务情景

创意思维是众多思维方式中的一种，将创意思维与化妆相结合，发挥化妆师的想象力，从而达到一种创新的化妆概念。

任务要求

明确学习目标，把握重点。同学们可以发挥自由想象做一个创意妆造型，看同学们对化妆思维和化妆作品的理解和把握是否有了新提高。

知识准备

一、了解创意妆的特点

1. 创意妆的定义

创意妆指在化妆的过程中把外界的元素渗入到妆面上，使其形成更好的效果，从而达到一种创新的化妆概念与境界的妆容。

（1）创意妆的概念：创意妆是设计者通过某种事物、某种东西得到启示，进而借助色彩进行夸张和美化，用现代时尚流行的风格表现出来的一种妆容。创意妆大多是化妆师的一种自我表达，主要表现风格有：民族风情、古典韵味、返璞归真等。

（2）灵感启发：灵感与创造是设计者创意的源泉。

（3）设计主题：在众多题材中，取其中一点集中表现其特点，称之为主题，主题是作品的核心，也是构成创意妆的主要因素。

（4）材料：像服装的布料，头饰（材料），化妆所需要的材料，色彩，水钻，亮粉，夸张的睫毛等。

（5）设计要点：要具有强烈的视觉冲击力，要以逆向的思维进行创作，要违背常规，有违生理规律，才能耳目一新，独一无二。

（6）整体协调：式样、材料、色彩所体现的主题风格要与服装相协调，形成整体美。

2. 创意妆的分类

（1）平面创意妆：是通过照片来表现的一种妆面，要自然真实，妆面要细致，色彩要层次分明，过渡要自然。

（2）舞台创意妆：要通过T台现场展示，要求形式感强，造型夸张，有视觉冲击力，比平面创意妆更夸张，要有整体感，因为距离远，时间短，所以要具有震撼力，造型一般都很夸张，色彩浓艳而有立体感。

3. 创意妆的特点

（1）妆面展示时间短，场地大。

（2）妆面色彩浓艳，立体感强，造型夸张。

（3）妆面有的只突出局部，有的要求整体协调。

（4）发型夸张，可用真、假发结合，或用发品零件。

（5）妆面与服装的色彩、饰品色彩相协调。

（6）创意要有美感，不能脱离主题。

二、创意妆的设计实例

创意妆效果如图 8-2 至图 8-6 所示。

图 8-2　创意妆效果

化妆与盘发

图 8-3　侧面效果一

图 8-4　侧面效果二

图 8-5　正面效果

图 8-6　背面效果

三、造型步骤

创意妆与造型步骤如图 8-7 所示。

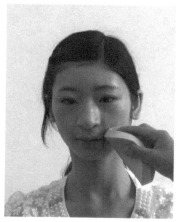

1. 用粉底在面部打底，要求均匀自然

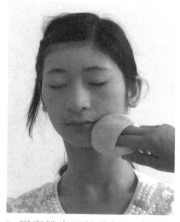

2. 用蜜粉为面部进行细致的定妆

3. 用暗影对面部进行立体结构的修饰

4. 用高光粉修饰眉心与鼻梁处，使鼻梁挺立

5. 黑色眼线笔勾画出眼睛轮廓，注意眼尾处上挑，并在下眼睑画出夸张的下眼线

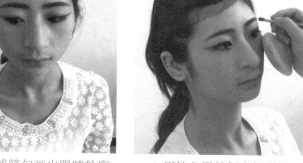

6. 用棕色眉粉划出粗形眉

图 8-7　创意妆与造型步骤

化妆与盘发

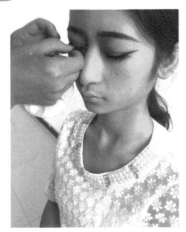

7. 粘贴夸张假睫毛

8. 用红色唇膏刻画轮廓分明的唇形

9. 假睫毛上贴钻，妆面完成，进行换装

10. 用羽毛在头部做凤冠造型，造型完成

图 8-7　创意妆与造型步骤（续）

任务二　梦幻妆与造型设计

任务情景

　　同学们听到梦幻妆中的"梦幻"两字脑海里就已经浮想联翩，梦幻妆是一个富有时代感和青春气息的妆型，它既有美容化妆的意识，又区别于单纯的美容化妆，主要强调个性美的展示。接下来我们就学习梦幻妆的化妆技巧和造型方法。

任务要求

　　通过练习掌握梦幻妆的化妆方法与造型技巧。

知识准备

一、梦幻妆要点

1. 梦幻妆的特点

　　对模特的全身进行描画，主题突出，妆型如梦如幻，并用服装、道具、佩饰、发型为主题服务，完全改变模特原本形象。表现方法奇特，用色不拘泥于模式，常用于艺术欣赏、艺术类活动和化妆比赛，一些广告妆和新娘妆也开始加入彩绘成分。

　　所谓"梦幻妆"就是运用色彩、线条等技巧，将有一定寓意的图案，描画在模特的脸、脖、臂上，展现于某种特殊场合的化妆艺术。类似的妆型在中国文化中有悠久的历史，如京剧的脸谱、川剧的变脸，都有异曲同工之妙。

　　梦幻妆与一般化妆不同，它富于一定的艺术感。不论画动物或植物，都表现出优美的情调，突出鲜明的主题。梦幻妆往往越出脸部的范围，把花纹描绘到肩、臂上，与发型、服饰相配合，给人一个整体的形象。梦幻妆事先要进行精心设计，要求绘画的线条随着肌肉骨骼的线条而伸展，最后以各种装饰品，如银粉、金粉、亮珠来点缀妆面。梦幻妆要比普通化妆需要有更多的技巧、创造力和想象力，用色和阴影控制也更讲究。因而要求化妆师必须具有高超的艺术修养、深厚的绘画功力和丰富的操作经验。

2. 梦幻妆的基础工程

　　设计的图形、色彩必须符合化妆对象的民族特点，突出一定的主题。整体如何搭配，可视本人的兴趣和爱好而定。设计时要从全面出发，三思而后行。梦幻妆要求妆型夸张而不脱离美化人的形象，配色丰富而不杂乱，妆色洁净，利用个体特点强化个性美，妆型特点明朗，一旦决定，不要轻易更改，以免给化妆造成困难。

　　打底色：选色要视皮肤和图案的颜色而定。根据肤色选择适当颜色的粉条或粉底霜。涂底色的范围不局限于脸部，要扩大到颈部、臂部甚至其他裸露的部位。然后涂抹透明蜜粉，减少粉底的油光感。

描绘图案：根据精心设计好的图案，用笔在皮肤上描绘轮廓线，然后再按需要的色彩填满，成为一幅栩栩如生的图画。

卸妆：由于梦幻妆所使用的化妆品对皮肤的刺激较大，所以应及时卸妆。

3. 梦幻妆的用色特点

梦幻妆的特点是柔美和梦幻。侧重于使用柔柔的、浅浅的、粉粉的颜色，很适合作为生活妆的一种，能体现女性柔美娇嫩的特征。粉色、雾紫、薄荷绿、冰蓝等冷色调纷纷上场，夹杂在粉色当中，冷与暖、柔和与明艳、光泽与阴影，在两极对比中，梦幻般的缤纷妆效就此凸显。单一的粉色妆容固然不会出错，但还是要将粉色与其他色彩搭配使用，营造繁复的对比妆容。清新的薄荷绿用得恰当的话，会产生精灵般的梦幻效果。想有这种感觉，日常只需用绿色眼影在眼睑上淡淡地涂抹一层，搭配白皙的粉底和蜜粉。浪漫的雾紫色搭配上淡淡的粉色，在冷暖对比之中更显浪漫色彩。

二、梦幻妆造型效果展示

梦幻妆效果如图 8-8 至图 8-12 所示。

图 8-8　金属梦幻妆

图 8-9　造型效果一

图 8-10　造型效果二

图 8-11　造型效果三

图 8-12　造型效果四

三、造型步骤

梦幻妆与造型步骤如图 8-13 所示。

1. 用粉底在面部打底，要求均匀自然

2. 用眼线笔勾画出上挑的眼线

3. 眼尾的上挑眼线要夸张又不失妩媚，要求两边对称

4. 沿眼尾处用眼线笔 45 度斜切至下眼角

5. 用粉红色眼影画出长线条半弧形眼影注意两边对称

6. 用金黄色眼影沿眉毛及鼻翼两侧描画，以突出鼻梁轮廓

图 8-13　梦幻妆与造型步骤

7. 用黑色眼线膏延长眼角长度

8. 用白色眼影连接眼角及下眼线部分

9. 用睫毛胶粘贴假睫毛

10. 选择与眼影相同的粉红色涂唇部

11. 用金粉涂染鼻翼两侧，以突出鼻梁的力挺

12. 用金粉在眉心处勾画出图形

13. 用腮红刷在颧骨处打上粉红色腮红

14. 用定妆刷定妆，妆面完成

图 8-13　梦幻妆与造型步骤（续）

任务三　彩绘妆与造型设计

任务情景

写意的人体彩绘是运用绘画造型技巧，对人的全身进行构图和绘制，并借助于相应的道具进行整体塑造。今天就让我们用油彩来表现一个动物装吧！

任务要求

通过练习掌握彩绘妆的化妆方法与造型技巧。

知识准备

一、彩绘妆简介

彩绘是一种艺术。人体彩绘，又称纹身彩绘，即在光滑的皮肤上，用植物颜料绘出一件美丽的华服，具有特殊的美感。

人体彩绘艺术是一项与上帝争宠的艺术，它给了艺术家们无限的想象空间，绘制出的画面层次分明，立体感强，表现力丰富。

彩绘创作源于生活，可表现活灵活现的动物造型，可展示趣味横生的游戏故事，可铸线条流畅的人体雕塑。

二、彩绘妆效果展示

彩绘妆效果如图 8-14 至图 8-18 所示。

图 8-14　彩绘妆效果

图 8-15　效果一

图 8-16　效果二

图 8-17　效果三

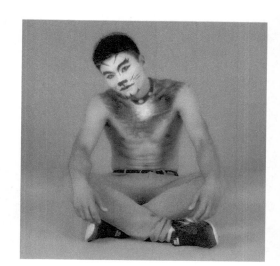

图 8-18　效果四

化妆与盘发

三、造型步骤

彩绘妆与造型步骤如图 8-19 所示。

1. 清洁面部，涂抹护肤霜

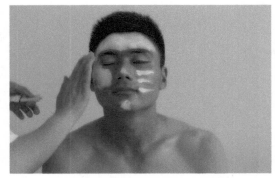

2. 将白色油彩均匀涂抹于面部

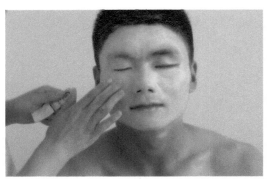

3. 白色油彩涂抹时，薄厚要适中，特别注意眉毛部分，另外加厚鼻梁两侧的白色油彩层，突出鼻梁立体感

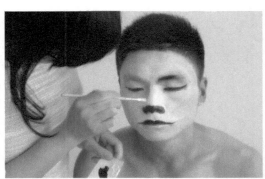

4. 用黑色油彩勾勒出上眼线、鼻尖及上嘴唇部

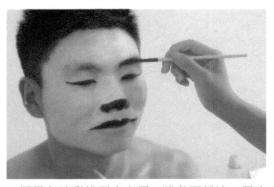

5. 用黑色油彩描画出左眉，线条要粗浓，眉头处黑色油彩向下拉长，注意眼睛部分黑色油彩的涂抹

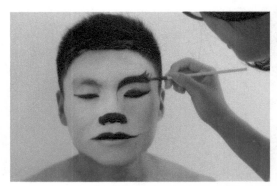

6. 在眉尾处勾画出优美的三条曲线，并延长眉尾

图 8-19　彩绘妆与造型步骤

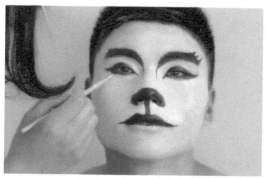

7. 右眼与右眉同左眼一样的方法描画，注意两边对称

8. 下眼线描画时，注意不要画到眼睛里

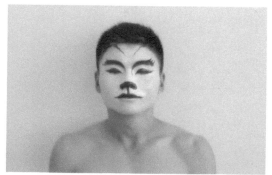

9. 额头上部可做些夸张简笔，以突出野性美，注意不可过密，也不可太稀疏

10. 在鼻子下方点画圆点，做妆面的装饰胡须

11. 脸颊两侧的胡须是此妆面的必要部分，注意描画曲线，下颚部分呈火焰状

12. 在脖颈处打上薄薄的一层白色油彩，注意要均匀，再用黑色油彩绘制项圈

图 8-19 彩绘妆与造型步骤（续）

13. 为绘制的项圈添加装饰

14. 用黑白两色油彩涂抹身体，注意线条及整体造型，妆面完成

图 8-19　彩绘妆与造型步骤（续）

任务四　全国大赛妆面及发型

任务情景

　　全国中职类化妆设计大赛每两年举办一次，是目前中国官方举办的最高规格的技术大赛。大赛设有新娘妆造型、晚宴妆造型等多个比赛项目，河南辅读中等职业学校历届大赛均代表河南省参加比赛，并在新娘妆、晚宴妆等比赛中取得了优异的成绩，多次荣获全国一等奖。今天，我们就来欣赏一下河南辅专学员在大赛上的出色表现以及一些经典设计吧！

一、　大赛剪影

　　大赛剪影如图 8-20 所示。

b. 我校选手完成晚宴妆造型

e. 我校获奖造型

a. 我校代表河南省参赛

c. 我校带队老师和我校的模特合影

d. 我校选手完成晚宴妆造型

f. 造型背面

图 8-20　大赛剪影

化妆与盘发

二、大赛造型效果展示

大赛新娘妆造型如图 8-21 至图 8-25 所示。

图 8-21　大赛新娘妆造型

图 8-22　效果一

图 8-23　效果二

图 8-24　效果三

图 8-25　效果四

三、造型步骤

大赛新娘妆造型步骤如图 8-26 所示。

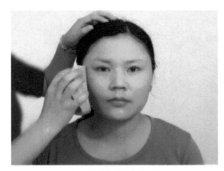

1. 用粉底液为面部进行均匀细致打底

2. 在上眼睑晕染粉色眼影

3. 在眼角处打上高光粉，突出眼窝

4. 描画上眼线和下眼线，注意下眼线描画至 1/3 处

5. 夹睫毛并粘贴假睫毛

6. 用棕色眉笔描画眉毛，画出适合眉形

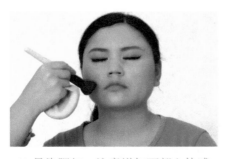

7. 晕染腮红，注意增加面部立体感

8. 在唇部涂唇蜜并涂抹水红色唇膏，妆面完成

图 8-86　大赛新娘妆造型步骤

9. 将头发分成三个区，用发卡固定

10. 后区头发以倒三角方式分成三股

11. 将后区头发的上股部分用细皮筋扎起，并用卡子固定

12. 将事先准备好的填充物用卡子固定，以增加后区头发的饱满度

13. 将后区余下头发向上梳光

14. 以梳子柄为轴心缠绕并用卡子固定

15. 将两侧头发梳光固定，遮盖填充物做成对包

16. 将右前区头发梳光扎起，并以卡子固定

图 8-26　大赛新娘妆造型步骤（续）

化妆与盘发

17. 将左前区头发向额前方旋转 180 度梳光喷上发胶，用无痕卡暂时固定

18. 将发尾做成卷筒，固定在额头发际线处

19. 后区头发梳光做半圆式大花苞

20. 后区剩余发尾以 S 型固定于头发上

21. 将右前区剩余头发分为两半做 S 片固定

22. 右前区第一部分向前走 S 片

23. 右前区剩余第二部分头发发胶固定成 S 型

24. 注意发尾，发卡固定成型

图 8-26　大赛新娘妆造型步骤（续）